南水北调中线渠道工程
降排水优化研究

王庆利 查 文 著

黄河水利出版社
·郑 州·

内 容 提 要

　　针对南水北调中线水文地质条件进行分析,指出南水北调中线渠道工程大部分渠基土岩性主要为黄土状重粉质壤土、粉质黏土或粉细砂,且地下水位较高,存在施工排水问题。采用数值模拟的手段,以渗流量、等值线分布和水力坡降为指标进行安全性评价。为体现水文地质对降排水方案的影响,选取水文地质条件变化的南水北调中线典型工程,分析其降排水方案优化过程。

　　本书可为工程设计和施工提供依据。

图书在版编目(CIP)数据

　　南水北调中线渠道工程降排水优化研究/王庆利,查文著.—郑州:黄河水利出版社,2020.9
　　ISBN 978 - 7 - 5509 - 2806 - 0

　　Ⅰ.南… Ⅱ.①王… ②查… Ⅲ.①南水北调 - 渠道 - 水利工程 - 排水 - 研究 Ⅳ.①TV68

　　中国版本图书馆 CIP 数据核字(2020)第 172652 号

出 版 社:黄河水利出版社
　　　　地址:河南省郑州市顺河路黄委会综合楼14层　　邮政编码:450003
发行单位:黄河水利出版社
　　　　发行部电话:0371 - 66026940、66020550、66028024、66022620(传真)
　　　　E-mail:hhslcbs@ 126. com
承印单位:广东虎彩云印刷有限公司
开本:890 mm ×1 240 mm　1/32
印张:4. 25
字数:122 千字　　　　　　　　　　印数:1—1 000
版次:2020 年 9 月第 1 版　　　　　印次:2020 年 9 月第 1 次印刷
定价:35.00 元

前　　言

　　南水北调中线渠道工程大部分渠基土岩性主要为黄土状重粉质壤土、粉质黏土或粉细沙,且地下水位较高,存在施工排水问题。针对该问题,许多学者做了大量的研究,并取得了很多卓有成效的成果。

　　本书共5章,对南水北调中线典型工程段水文地质条件进行了分析,指出了其存在的问题,对工程降排水设计计算理论进行了系统的阐述,以某典型工程为例,分析其初拟降排水方案,并采用数值模拟的方法对其降排水方案进行优化,分析优化结果的经济性和合理性,为工程施工提供理论依据。

　　第1章对典型的南水北调中线渠道工程如焦作2段、方城段、潮河段等渠基土岩体工程地质条件、地形地貌及水文条件进行简介,论述了水文地质对工程基坑降排水的影响。

　　第2章对涉及降排水的数值模拟理论方法进行了论述,包括渗流场有限元方程及定解条件、有自由面渗流问题固定网格求解的结点虚流量法、采用达西渗流量计算的"等效结点流量法"来计算渗流量和渗流场参数反演的加速遗传算法,上述理论可用于模拟稳定渗透作用下的采用不同降排水措施基坑的水头变化及渗漏量。

　　第3章主要论述了水文地质条件变化对工程降排水方案的影响,选取典型渠道段,设置两种水文地质条件,招标条件和补充水文地质条件进行方案设定和分析,设置三种深井井点降排水方案,第一种降水井井深15 m,间距30 m,直径50 cm,降水井配备QS20 - 33 - 3.0J型抽水泵(流量20 m³/h、扬程33 m、功率3.0 kW)的抽水;第二种降水井井深17 m,降水井间距27 m,直径(内径)40 cm,配备QS40 - 32 - 5.5J型潜水泵(扬程32 m、流量40 m³/h、功率5.5 kW);第三种考虑将一级马道1/3降水井分配到渠道中部,井间距变为41 m,其他同方案2。

　　第4章参照招标投标文件及补充的地质勘探报告所提供的水文地

质资料和参考值,分别进行降排水方案的可行性分析,结果表明,方案 1 满足招标水文地质工程干地施工和施工期抽排水的要求,基坑渗流稳定。方案 2 和方案 3 二者都能满足补充水文地质条件下工程干地施工和施工期抽排水的要求,基坑渗流稳定,但方案 3 更优。

第 5 章为结论与展望。

本书由王庆利,查文共同撰写。其中,第 1、2 章由王庆利撰写,第 3~5 章由查文撰写。全书由王庆利统稿。本书的撰写得到了华北水利水电大学郭利霞副教授的指导,在此对她表示感谢!

由于水平所限,本书尚存在不妥和需要改进之处,尚祈工程界的同仁不吝赐教。

作　者

2020 年 7 月

目　录

第 1 章　南水北调中线渠道工程水文地质分析

陶岔—沙河南渠段全长 238.74 km,跨越长江流域唐白河水系及淮河流域沙颍河水系,区间地貌形态以低矮的垄岗与河谷平原交替分布为主要特征,间夹基岩残丘。区段内地下水位平均最小埋深 1.7 m,平均最大埋深 5.86 m,平均水位变幅 4.16 m,地下水位高于渠底板段共计约 130 km,淅川段九重岗丘一带地下水位高出渠底板 9.0 ~ 42.5 m,为区内最高,而方城段清河左岸冲积平原一带最小,仅高出 1.1 ~ 2.5 m。沿线岗垄、岗状平原地带多为深挖方渠段,渠道揭露不同膨胀等级的膨胀土,受地下水影响,施工开挖期渠坡出现了大小滑坡 90 余处,膨胀土(岩)渠坡处理、边坡稳定问题突出,而镇平段、方城段、叶县段、鲁山段内河间冲积平原、岗状平原地带地下水多具承压性,基坑涌水和涌砂情况严重,渠道衬砌后抗浮稳定问题突出。因此,分析这些渠段水文地质条件,对设计渠道渗控处理方案、预测高地下水位对工程影响是有必要的。

1.1　穿沁河建筑物及其地质情况

1.1.1　工程概况

南水北调中线总干渠穿沁河建筑物形式为渠道倒虹吸,工程位于河南省温县徐堡镇、博爱县白马沟之间,焦作—温县公路经沁河大桥通过本区。该工程由进口渐变段与检修闸、倒虹吸管身段和出口渐变段与节制闸组成。建筑物进口总干渠设计桩号Ⅳ9 +261.3,出口总干渠设计桩号Ⅳ10 +444.3,全长 1 183 m,其中进口渐变段 60 m,检修闸长 15 m,管身段长 1 015 m,节制闸长 23 m,出口渐变段长 70 m;倒虹吸管身段采用钢筋混凝土箱形结构,单联 3 孔,孔径为 6.9 m × 6.9 m,两侧斜管段坡率为 1:4。倒虹吸工程设计流量 265 m³/s,加大流量 320 m³/s。进口设计渠水位高程 107.569 m(1985 国家高程基准,全书同),渠底高程 100.569 m;出口设计渠水位高程 106.949 m,渠底高程 99.949 m。设计水深 7.0 m,加大水深 7.618 m。

1.1.2 地形地貌

工程区位于黄、沁冲积平原,沁河自西向东流经本区。场区具平原区河谷地貌形态,河床宽度 40 ~ 180 m(勘察期间测得,下同),河底高程 106.4 ~ 108.7 m,枯水期水深一般 1.5 ~ 2.0 m;漫滩地形略有起伏,高出河床 1.2 ~ 2.4 m,右岸漫滩宽 175 ~ 720 m,地面高程 111.0 ~ 111.5 m,左漫滩宽 150 ~ 395 m,地面高程 109.3 ~ 111.7 m,前缘与河床呈 1.0 ~ 1.5 m 低坎或缓坡连接;沁河两岸堤高 5 m 左右,堤顶宽 8 ~ 16 m,堤顶高程 114 m 左右,右岸堤内地面高程 109.1 ~ 110.2 m,左岸堤内地面高程 108.7 ~ 109.6 m。

1.1.3 地层岩性

工程区在勘察深度范围内揭示地层为第四系冲积、坡洪积物,由中更新统地层(Q_2^{dl+pl})和全新统地层(Q_4^{al})组成。

第四系全新统地层:第(1)层黄土状轻粉质壤土(钻孔揭示,下同),层厚 0.2 ~ 3.0 m,具轻微湿陷性;第(2)层细砂,层厚 10.0 ~ 20.6 m,分布于河槽,该层严重液化;第(3)层砾质中砂,层厚 0.3 ~ 7.6 m,仅在比较线揭露;第(4)层黄土状重粉质壤土,层厚 2.5 ~ 6.6 m,具轻微—中等湿陷性,分布于两岸;第(5)层黄土状中粉质壤土,层厚 4 ~ 10 m,分布于两岸,局部夹细砂;第(6)层黄土状重粉质壤土,层厚 6 ~ 13 m;第(7)层中砂,层厚 0.6 ~ 7.3 m。

第四系中更新统地层:第(8)层重粉质壤土,层厚 3.7 ~ 12.3 m;第(9)层细砂,层厚 2.5 ~ 7.0 m;第(10)层重粉质壤土,层厚 7.4 ~ 16 m,局部夹细砂夹层;第(11)层细砂,层厚 0.9 ~ 7.7 m;第(12)层重粉质壤土,揭露最大厚度 3.7 m,未揭穿。

1.1.4　地质构造及地震

工程区位于华北准地台（Ⅰ）黄淮海拗陷（I_2）的西南部,北与山西台背斜（I_3）相邻。新构造分区为豫皖隆起—拗陷区与华北断陷—隆起区交接部位,场区未发现第四纪全新世活动断裂构造。地震动峰值加速度为0.10g,相应于地震基本烈度Ⅶ度区。场地土的类型为中软土,建筑物的场地类别为Ⅲ类。

1.1.5　水文地质条件

沁河是黄河三门峡—花园口区间北岸最大支流,为一常年性河流,源于山西省沁源县霍山南麓二郎神沟,于武陟县南部汇入黄河,全长485 km,流域面积13 532 km^2。沁河渠道倒虹吸上游集水面积12 870 km^2,百年一遇洪峰流量4 000 m^3/s,相应洪水位高程113.27 m。由于沁河呈地上悬河状,在洪水期易发生决口。

工程场区地下水按其赋存条件,可分为潜水和承压水两种类型。潜水:主要赋存于第四系全新统细砂及沁河两岸壤土层中,右岸潜水位高程106.17~106.67 m,埋深3.0 m左右;左岸潜水位高程104.27~106.10 m,埋深3.20~5.01 m;漫滩潜水位高程106.01~108.50 m,埋深2.0~3.90 m。承压水:工程区内共揭示三层承压含水层,分别赋存于第（7）层中砂、第（9）层及第（11）层细砂层中,各承压含水层隔水顶板均为重粉质壤土。第（7）层承压含水层厚0.6~8.5 m,隔水顶板厚2.6~9.3 m,承压水头高16.9~22.0 m。第（9）层承压含水层厚3.7~7.0 m,隔水顶板厚3.0~10.1 m,承压水头高25.4~29.4 m。第（11）层承压含水层厚0.9~7.7 m,隔水顶板厚7.4~14.0 m,承压水头高度39.8~41.3 m。潜水主要接受河水、大气降水和上游地下水侧向径流补给,消耗于蒸发和侧向径流;承压水主要接受上游深部径流补给,又以径流方式向下游排泄。场区承压水与潜水的水力联系不强。

场区承压水与潜水的水力联系不强场区黏性土层均属微—弱透水性,第（2）层细砂和第（7）层中砂属中—强透水性,第（9）层细砂和第（11）层细砂属中等透水性。场区除沁河河水因受人为污染所含的 SO_2

超标,对混凝土产生结晶类硫酸盐型弱腐蚀外,地下水(潜水和承压水)对混凝土均无腐蚀性。

1.1.6　场区地质环境对穿沁河建筑物选址、选型的影响分析

1.1.6.1　穿沁河建筑物轴线选择

(1)与穿沁河建筑物两端衔接的总干渠线路比选:现选穿沁河建筑物轴线渠线线路总长6 306.7 m,其中渠道长4 875.7 m;比较线线路总长6 667.8 m,其中渠道总长5 236.8 m。河渠交叉处,渠道设计水位107.567 m,加大水位108.18 m,地面高程109 m左右,渠道设计水位与地面高程接近,现选渠道线路比较合理。

(2)河道地形、河势分析:沁河自五龙口以下河段均设有防洪堤,堤防随河势弯弯曲曲,交叉断面上游5 km范围内堤距850~1 250 m,下游7 km范围内堤距750~1 250 m,现轴线交叉处堤距约800 m。现选轴线位置堤距较短,河渠基本正交,建筑物轴线沿河道向上、下游摆动并不能有效缩短建筑物长度。因此,从河道地形、河势分析本轴线位置基本合理。

(3)工程地质条件比选:本轴线河槽上部地层16~18 m范围内为第(2)层细砂,该层严重液化,第(7)层中砂,承压水头高16.9~22.0 m,河槽有严重液化砂层和高水头承压水,地基处理难度比较大;顺河道方向在本轴线上游500 m、1 000 m,下游200 m、400 m分别布置地质钻孔勘察,经与本轴线地质情况比较,地质结构大同小异,依然存在第(2)层细砂严重液化和第(7)层中砂高水头承压水问题,且本轴线上、下游地层中第(2)层细砂加厚,地质条件较本轴线更差。

1.1.6.2　地质条件对穿沁河建筑物形式选择的影响

南水北调中线工程总干渠穿河建筑物形式主要有渡槽、暗渠、倒虹吸三种,其中倒虹吸又分为河倒虹吸与渠倒虹吸(需考虑总干渠渠道流量和河道流量的关系,遵循交叉建筑物采用“小流量穿大流量”的原则),穿沁河建筑物形式最终选择为渠道倒虹吸,其中地质条件对该建筑物形式选择的影响见表1-1。

表 1-1　地质条件与设计要素对比

地质条件	设计要素	对比分析
场区地形地貌条件:总干渠穿沁河处,沁河河底高程 106.4~108.7 m,漫滩高程 109.3~111.7 m,两岸地面高程 108.7~110.2 m	总干渠穿沁河处渠底高程 100 m 左右,渠深 9.0 m 左右	总干渠渠底低于沁河河底,渠顶略高于沁河河底,为不影响河道行洪,交叉建筑物宜采用下卧的渠道倒虹吸
场区河床地层条件:沁河主河床地表为 16~18 m 厚的第(2)层细砂,属严重液化地层,f_k = 90 kPa;该细砂层局部冲刷深度达到 12 m	管身河槽段基底平均压力最大值为 375.75 kPa	严重液化砂层不能作为建筑物地基,且其厚度 16~18 m,交叉建筑物宜采用下卧的渠道倒虹吸。为满足局部冲刷要求,倒虹吸河底以下埋深 13 m

通过地质条件与设计要素的对比分析,工程建设应尽量避免对河道行洪、大堤安全的不利影响,宜采用下卧的渠道倒虹吸方案,管身应尽量避开液化砂层的影响,宜采用深埋方案,管顶置于局部冲刷线以下,满足局部冲刷要求。

1.1.7　场区存在的主要工程地质问题

结合建筑物形式及建筑物布置,场区主要存在以下工程地质问题。

1.1.7.1　饱和砂土地震液化问题

工程区地震基本烈度为Ⅶ度,河槽第(2)层细砂属第四系冲积物,洪水时细砂层全部淹没于水下,属饱和砂土,分别采用标准贯入试验判别法、相对密度判别法及静探判别法进行了液化判别,根据上述不同方法的判别结果,第(2)层细砂均被判别为可液化砂土,经计算,场区第(2)层细砂作为地基土属严重液化等级。

1.1.7.2 黄土状土湿陷问题

场区第(4)层黄土状重粉质壤土(Q_{14}^{al})及进口渠道段上部分布的第(1)层黄土状轻粉质壤土(Q_{24}^{al})具非自重湿陷性;其中,第(4)层黄土状重粉质壤土湿陷系数为 0.029～0.048,具轻微—中等湿陷性;第(1)层黄土状轻粉质壤土湿陷系数 0.018,具轻微湿陷性。

1.1.7.3 承压水顶托破坏(基坑突涌)问题

场区共有第(7)、(9)、(11)层三层承压水含水层。

根据基坑开挖的基坑底面平衡计算结果:第(11)层承压水基坑突涌临界高程低于基底,无基坑突涌问题。第(7)层中砂、第(9)层细砂承压水基坑突涌临界高程高于基底,均存在基坑突涌问题。另在进口检修闸处第(7)层承压水基坑突涌临界高程约97.5 m,高于检修闸基约2.5 m,亦存在基坑突涌问题。

1.1.7.4 基坑降排水及渗流稳定问题

倒虹吸基坑开挖涉及大量基坑排水的有河槽第(2)层细砂潜水及第(7)层中砂承压水两个含水层。

河槽细砂潜水含水层结构松散,强透水,地下水位高程 106.01～108.50 m,含水层厚度 13～20.6 m,倒虹吸管身建基面高程约为 84.5 m,潜水位高于建基面 23 m 左右,存在基坑降排水问题。细砂允许渗流比降甚小,斜坡允许渗流比降更小,极易发生管涌流土、坡面冲蚀产生渗流破坏问题,直接导致边坡破坏失稳,存在渗流稳定问题。

第(7)层中砂承压含水层分布高程 82.88～90.85 m,倒虹吸水平管段正位于其中,部分被基坑开挖清除掉,部分留作地基。该层结构松散,属中—强透水性。存在基坑突涌及基坑疏干排水问题。

1.1.7.5 施工边坡稳定问题

堤内土质边坡:沁河两岸渠道倒虹吸进、出口渐变段,检修闸,节制闸及部分倒虹吸管段基坑开挖深度 10～26 m,开挖边坡岩性主要为第(4)、(5)、(6)层黄土状中、重粉质壤土,为土质边坡,第(4)层黄土状重粉质壤土和第(5)层黄土状中粉质壤土为中等压塑性软—中硬土层,地下水埋藏浅,第(4)层及其以下各层均处于地下水位以下,且第(4)层具中等湿陷性,故存在施工边坡稳定问题。

河床及漫滩段砂土质边坡:沁河河床内倒虹吸管身段基坑开挖深度约 26 m,水下开挖深度约 24 m,边坡由第(2)层细砂、第(6)层黄土状重粉质壤土、第(7)层中砂组成,属黏砂多层结构。第(2)层细砂、第(7)层中砂的渗流稳定坡角远小于内摩擦角;第(2)层细砂属松散可液化砂层,且位于地下水以下;紧靠南大堤内侧(河床内)第(2)层细砂中夹有灰黑色淤泥质重粉质壤土,呈软塑—流塑状,属软—极软土,其中夹薄层粉砂,基坑开挖后,这些软土因埋深较大会被挤压流失,造成上部边坡失稳。上述地质条件均构成基坑开挖施工边坡稳定的不利因素。

1.1.8　主要地质缺陷的工程措施

1.1.8.1　饱和砂土地震液化的处理

综合考虑穿沁河建筑物工程区附近沁河下游险工河段主流游荡多变、河床细砂抗冲刷能力差、沁河作为地上悬河重要的防洪地位,管身应埋置在局部冲刷线以下。倒虹吸管身采用深埋方案,可液化砂层已被清除。

1.1.8.2　施工降排水、防渗和承压水顶托的处理

施工前、施工期测得场区潜水位均高于水平管身建基面约 20 m;第(11)层承压水基坑突涌临界高程低于基底,无基坑突涌问题,第(7)层中砂和第(9)层细砂赋存承压水,承压水头高度为 17 ~ 29 m。施工采取截渗墙(防渗帷幕)、管井降水为主,明排(沟、井、坑等)为辅的综合降排水方案。综合防渗措施和降排水措施使地下水位降至倒虹吸建面以下(0.5 ~ 1 m),避免了地下水对砂质边坡的渗流破坏和承压水对基坑底板的顶托破坏。

防渗工程分二期布置施工,分别采用锯槽机、高压旋喷和深层搅拌法施工,形成截渗墙防渗帷幕,截渗墙(防渗帷幕)顶部高程 106 m,底部以进入第(8)层重粉质壤土层≥1 m 控制,形成封闭式防渗体。降排水工程分三期布置施工,降水井陆续设置,间歇抽排。一期共布置降水井 84 眼,水位降深约 22 m;二期共布置降水井 84 眼,水位降深约 20 m;三期共布置降水井 28 眼,水位降深约 20 m。另根据开挖后的局部

边坡有渗水情况,在建基面四周设置明沟进行排水,在开挖至建基面附近时,采用明沟排水疏干建基面的局部积水。

1.1.8.3　施工边坡处理措施

倒虹吸进、出口段和闸室段施工边坡高 10~15 m。施工期采取了有效的降排水措施(管井降水为主,明排为辅),使地下水位降至开挖面以下;基坑开挖设置了 2 级边坡,坡比皆采用 1:1.5,中间设置马道,宽约 1.5 m。通过以上措施保证了施工过程中基坑边坡的整体稳定性。

管身段基坑开挖深度 16~26 m。施工期采取了截渗结合管井降水为主、明排为辅的综合降排水方案,使地下水位有效地降至开挖面以下。基坑开挖设置了 4 级边坡,降低单级边坡的高度,坡比由上至下分别为 1:1.75、1:2.0、1:2.25 和 1:2.5,中间设置马道(宽 1 m/1 m/5 m)。对于局部砂质边坡坡角出现的坍塌现象,及时采取了坡角堆置砂袋、抗滑桩等措施。通过以上措施保证了施工过程中基坑边坡的整体稳定性。

1.1.8.4　黄土状土湿陷及地基加固处理措施

场区第(1)层黄土状轻粉质壤土具轻微湿陷性,第(4)层黄土状重粉质壤土具中等湿陷性。施工时对地层上部分布的第(1)层黄土状轻粉质壤土已挖除,对作为渐变段及闸室基础的第(4)层黄土状重粉质壤土进行了开挖换填处理。

倒虹吸进口翼墙段(1#~4#)、出口翼墙段(1#~5#)、进口检修闸、出口节制闸段、部分管身段(1#~2#、66#~67#)建基面分别位于第(5)层黄土状中粉质壤土和第(6)层黄土状重粉质壤土中,承载力标准值分别为 125 kPa 和 150 kPa;其下第(7)层中砂和第(8)层重粉质壤土承载力标准值分别为 230 kPa 和 220 kPa。以上地段天然地基承载力不能满足上部荷载要求,施工时对以上地段分别进行了水泥粉煤灰碎石桩(CFG 桩)加固处理。

1.1.9　倒虹吸穿河埋置深度

1.1.9.1　工程设计中倒虹吸管身埋置深度确定

倒虹吸埋深应考虑工程地质条件、河道冲刷及防护、防洪影响等因素,综合分析确定。

1. 由工程地质条件分析

河槽地表 16~18 m 范围内为严重可液化细砂,饱水松散,且承载力标准值 f_k = 90 kPa,不宜作为基础地基,倒虹吸建基面至少位于该层下部重粉质壤土,则倒虹吸建基面高程至少 92 m,管顶高程 101.6 m,河底 107 m 以下埋深 5.4 m。

2. 由冲刷要求分析

河道冲刷计算要考虑河道一般冲刷和局部冲刷两种情况。沁河河床质为细砂,一般冲刷采用《铁路工程水文勘测设计规范》(TB 10017—1999)中有关非黏性土公式进行计算。经计算,平堤水位时的下泄流量 7 110 m³/s 时河槽一般冲刷后最大水深 10.44 m,冲刷深度 2.86 m,考虑小浪底与河口村水库运用后河床下切 1.5 m,则冲刷深度 4.36 m。管顶位于校核洪水一般冲刷线以下≥0.5 m,取管顶高程 102 m,河底以下,埋深 5 m。局部冲刷采用《堤防工程设计规范》(GB 50286—2013)的有关公式和张红武傍岸集中冲刷计算公式计算局部冲刷。由于张红武公式是在非淹没丁坝冲刷计算公式的基础上,考虑黄河作为挟沙水流的冲刷特点修正得出的,在大中水及顺流或顶流情况下与实际相符,因此采用该公式成果。考虑小浪底与河口村水库运用后河床下切 1.5 m,局部冲刷深度 12.32 m,考虑 0.68 m 的安全余度,取管顶高程 94 m,河底以下埋深 13 m。

3. 由实测资料分析

根据实测和经验资料,沁河险工范围内的冲刷坑深度一般为 7~8 m,最大可达 12 m 左右。计算的局部冲刷深度是接近实际的。

4. 河工模型试验的成果

经过观测以及对沁河冲刷的研究,冲刷后交叉断面河底高程为 101.98 m,白马沟丁坝处的局部冲刷为 96.28 m。

综合分析,工程建设应尽量避免对河道行洪、大堤安全的不利影响,管身也应尽量避免液化砂层的影响,宜采用深埋方案。管顶置于局部冲刷线以下,埋深满足局部冲刷要求,管顶高程 94 m,建基面高程 84.4 m。

1.1.9.2　工程建设的主要难题

沁河两岸均有防洪堤,且左堤为一级堤防,右堤为二级堤防,为了保证堤防和建筑物的安全,倒虹吸建成后,应及时恢复两岸大堤与河床;施工工期要求严格。

倒虹吸建筑物处地下水丰富,地下水分孔隙潜水和承压水,潜水主要存在于细砂层中,施工排水尤为重要。

沁河建筑物建基面高程 84.4 m,河床底高程 107 m,平均挖深 22.6 m,沁河河床质大部分为细砂,管身埋置深度越深,基坑开挖越困难。

沁河倒虹吸工程处河道宽约 800 m,河床较浅,河底高程与两岸地面高程基本持平,属悬河。为保证河道行洪安全,建筑物施工采用非汛期施工。由于河床内工程量大,采用全断面截流一次性导流的方法无法完成其施工。需采用河床内分期导流施工方案。因此,为保证工程施工安全,应尽量减少各期施工工程量。

为解决上述难题,重点应研究倒虹吸的埋置深度问题。

1.1.9.3　倒虹吸埋置深度的探讨

倒虹吸的埋置深度取决于水流的冲刷的安全性,局部冲刷的发生反映了洪水期间河道冲淤调整过程中流势变化对河道的冲刷,大量资料表明,傍岸集中冲刷和中泓集中冲刷都是经常发生的,往往傍岸集中冲刷直接危及河道的堤防安全。河道的冲淤过程是一个非常复杂的过程,局部冲刷深度对坝头流速、水流冲击角、边坡系数的关系十分敏感。

为了河道行洪安全,避免新修建筑物造成河流顺势的变化,倒虹吸的埋置深度主要按局部冲刷控制,以保证在河道行洪期间倒虹吸管埋置在最大冲刷线以下。因此,研究河道的局部冲刷深度,直接影响到穿河建筑物的经济合理性。

1.局部冲刷计算的边界条件

局部冲刷计算和模型试验得到的局部冲刷深度均是在无任何工程防护的情况下得出的值。实际上,重要的工程均会根据河道顺势,对岸坡及河床进行防护设计,甚至修筑一些丁坝,调整水流流势,人为地改变岸壁的冲坑深度,保护堤防的安全。因此,按局部冲刷深度确定倒虹吸的埋置深度是安全的。

2.通过模型试验进一步验证

河道水工模型试验是验证工程设计的最直接方法,但由于受水工模型试验各种条件的限制,往往定床试验能够准确反映河道水流的流势,判断河道各种洪水情况下水流的变化情况,从而较好地验证设计。要解决验证河道的冲刷情况,必须进行河道动床试验,动床模型试验不但要求试验的水流运动相似,还要求泥沙运动相似、输沙率相似和泥沙运动的连续性相似,即冲淤相似。模型试验中模型材料的选取、试验的边界条件等因素直接影响试验成果的可靠性。因此,有必要通过进一步的模型试验,论证倒虹吸的埋置深度,特别是局部冲刷的试验研究。

3.数字模拟的必要性

水工模型试验中,由于受许多条件的限制,如模型比例、模型材料等因素,直接影响试验成果。采用数学模型,可以先较随意地调整各种参数。初建的数学模型,可以用定床模型试验进行验证初定数学模型的各种参数,以较好地数学模拟河道水流流态。利用模型试验的一般冲刷试验成果和调查的河道实际一般冲刷情况,拟定数学模型中河床质参数,建立动床河道数学模型,再计算河道局部冲刷情况,经过和动床模拟试验的对比,从而确定较为合理的冲刷深度。

1.2　南水北调中线工程焦作 2 渠段

1.2.1　地形地貌

南水北调中线一期工程总干渠焦作 2 渠段位于华北平原西部边缘与太行山东麓的交接部位,穿行于山前坡洪积裙、山前倾斜平原及硬质岩丘陵等主要地貌单元,地势总体呈西北高、东南低的特点。

1.2.2　地层岩性

工程区地层主要由古生界奥陶系、石炭系、二叠系和新生界第四系冲洪积、坡积成因的地层组成。

1.2.2.1　古生界(Pz)

(1)奥陶系(O)。奥陶系中统上马家沟组灰岩(O_2s),在九里山出露。

(2)石炭系(C)。该系地层广泛出露于太行山前的山坡上和山区部分山脊上,与奥陶系灰岩呈平行不整合接触,为海陆交互相含煤建造,分中上2统。渠段仅在山门河和九里山附近见到。

中统本溪组(C_2b):主要为褐黄、褐灰色等杂色黏土岩、页岩、铝土质泥岩、铝土矿,底部常见窝状山西式铁矿,偶夹砂岩、泥质灰岩和煤线。厚度15~45 m,一般厚20 m。

上统太原组(C_3t):可分为上下2段,厚度85~105 m,一般95 m。下段以灰岩为主,各层灰岩间有3~5 m厚的碎屑岩相隔,含煤4~5层。

(3)二叠系(P)。该系地层为陆相沉积,与石炭系呈整合接触。渠段内仅在山门河附近有碎屑岩和煤层,厚度70~90 m,平均厚85 m。

1.2.2.2　新生界(Kz)

本区新生界为第四系(Q)中更新统、上更新统、全新统地层。

(1)中更新统(Q_2)。坡洪积成因,主要分布于第四系地层下部,岩性为卵石与中、重粉质壤土,粉质黏土,卵石与黏性土呈互层状、卵石夹黏性土透镜体和黏性土夹卵石透镜体等形式空间展布,揭露厚度10~45 m。

(2)上更新统(Q_3)。为上更新统上段冲洪积物,岩性为黄土状重粉质壤土和黄土状沙壤土。

(3)全新统(Q_4)。全新统冲洪积物,岩性为黄土状中、重粉质壤土和重粉质壤土(局部相变为中粉质壤土或粉质黏土),局部夹卵石透镜体,有钙质胶结现象。

1.2.3　地质构造

本渠段位于华北准地台黄淮海拗陷的西部边缘；新构造分区属华北断陷—隆起区的太行山隆起分区东南角和河北断陷分区交接部位。本渠段沿线地震动峰值加速度为0.15g，相当于地震基本烈度Ⅶ度。

1.2.4　水文地质条件

1.2.4.1　地下水赋存条件及含水层组的划分

第四系松散岩类孔隙潜水含水层组：含水层岩性上部由粉质壤土、黄土状壤土组成，富水性一般较差。含水层组主要由黏性土和砂卵石互层组成，岩性岩相变化频繁，厚度变化较大。由于岩性岩相及地形变化，局部地下水具有承压性。

第四系松散岩类孔隙承压水含水层组：主要分布于沿线山前坡洪积裙与山前冲洪积倾斜平原交接部位的下部。含水层组主要由粉细砂组成。

奥陶系灰岩裂隙岩溶含水层组：含水层组主要由奥陶系灰岩组成，岩溶较发育，局部受构造影响岩溶十分发育，但不均匀，属中等透水，多位于渠底板以下。

1.2.4.2　地下水的补给、径流与排泄

第四系松散岩类孔隙潜水主要接受大气降水入渗、侧向径流、灌溉及地表（河、沟、渠等）水入渗补给，排泄方式主要为蒸发（仅限苏蔺一带）、侧向径流及人工开采；地下水整体由西北向东南流动，局部地段受地形控制或补给源影响，流向有所变化。

第四系松散岩类孔隙承压水主要接受上游地下水侧向径流补给、潜水和下部承压水越流补给，消耗于侧向径流和人工开采。

奥陶系可溶岩岩溶裂隙含水层组主要接受大气降水入渗和侧向径流补给，以侧向径流方式排泄。

1.2.4.3　土、岩体渗透性分级

根据勘察试验成果，场区黏性土一般具极微—弱透水性，沙壤土、粉细砂具中等—强透水性，砂卵石具强透水性，灰岩具弱—中等透水

性。

1.2.4.4　地下水位及动态变化

本渠段地下水动态变化主要为入渗—径流—开采型。本渠段最高水位高于渠底板的渠段长度 7.85 km;最高水位在渠底板附近,且接近地面的渠段长度 1.50 km。

1.2.5　主要工程地质问题

焦作段主要存在的工程地质问题为:黄土状土湿陷问题、岩土膨胀性问题、施工降排水问题、施工边坡稳定问题和渠道内地裂缝问题等。

1.2.5.1　黄土状土湿陷问题

本渠段黄土状土主要指第四系全新统和上更新统形成的次生黄土,沿渠线累计分布长度约 12.172 km,约占渠线总长度的 50.63%。主要分布于山前坡洪积裙。

根据湿陷性的强弱,沿线黄土状土共分为 3 个段,其中具中等湿陷性的有 1 段,分布长度 8.501 km,具中等—强烈湿陷性的有 2 段,累计分布长度 3.671 km。

据各场点的试验成果分析,黄土状土的湿陷深度多在 7 m 以内,均为非自重湿陷场地,地基湿陷等级为轻微。黄土状土的湿陷性对挖方渠段影响不大,不必考虑渠道的湿陷变形问题,半挖半填及填方渠段因在原地层上增加了荷载,则要考虑黄土状土(特别是具中等和中等—强湿陷性的黄土状土)的湿陷变形对渠坡和渠基稳定的不利影响。

施工过程中根据黄土状土的湿陷等级和填方高度分别采用了重夯和强夯对黄土状土地基进行处理,在村庄附近为了消除震动对村民的影响,采用了换填法对地基进行处理。

1.2.5.2　岩土膨胀性问题

本渠段内分布的膨胀岩土均为第四系中更新统重粉质壤土(Q_2^{dl+pl}),局部夹粉质黏土,多呈棕红色。从渠底板以下 5 m 至一级马道之间膨胀土累计分布长度 5 km,多呈条带状或透镜体壮分布,均具弱膨胀潜势。

施工过程中,对一级马道以下根据边坡地层岩性的组成及膨胀土的分布等特征,采取了黏性土换填、浆砌石封堵等不同的处理措施。一般为:一级边坡地层为黏性土(或夹松散卵石透镜体),膨胀土呈条带状分布,采用渠坡换填厚 1.4 m 黏性土、渠底换填厚 1.0 m 黏性土的黏性土换填处理方案;一级边坡为黏性土、卵石(多钙质胶结)互层结构,膨胀土呈透镜体状分布,对膨胀土垂直边坡挖深 0.5 m,采用 M7.5 浆砌石封堵处理方案。

1.2.5.3　施工降排水问题

根据地下水预测结果,本渠段最高水位高于渠底板的渠段分布在桩号 Ⅳ42 +900 ~ Ⅳ50 +400,长度 7.85 km,存在施工降排水问题。

该段地下水主要属于第四系松散岩类孔隙潜水,含水层组由黏性土和砂卵石互层组成,岩性岩相变化频繁,厚度变化较大。由于岩性岩相及地形变化,局部地下水具有承压性。黏性土一般具微—弱透水性,砂卵石具强透水性。

采用渠底打管井降水并结合排水沟明排的降排水施工措施。在渠道左岸均设有左岸截流沟,汇集总干渠左侧的坡流和面流,导流于左岸排水建筑物和较大河流处穿越总干渠,保护了总干渠的渠坡安全。

1.2.5.4　施工边坡稳定问题

渠道边坡稳定性是影响渠道成渠条件的重要因素。影响渠道边坡稳定的主要因素有:地层结构、地质构造岩性组合特征、土岩的工程特性(岩层的产状、成岩及风化程度)、边坡高度、地下水及地表水对土岩体的影响,以及施工和排水方式等。

本渠段分布的特殊岩土的膨胀收缩、湿陷变形对渠道边坡稳定产生不利影响;灰岩的构造(岩层走向与渠线小角度相交,造成开挖渠道边坡一侧呈顺层)、发育的陡倾角裂隙,对边坡稳定不利;地下水位高于渠底板的渠段在渠道成渠后至运行前期间,地下水对渠坡的渗透压力将影响渠道边坡的稳定。本渠段边坡多为高边坡,坡高 15 ~30 m 的边坡长 13.826 km,占渠道长度的 57.54%,坡高大于 30 m 的边坡长2.332 km,占渠道长度的 9.71%。

焦作 2 段对于小于 15 m 的中低边坡,渠坡在一般黏性土组成的渠段边坡坡比一般采用 1∶2;对于大于 15 m 高边坡渠段,考虑地下水位

情况、岩性组合特征、土岩的工程特性、边坡的高度等因素综合确定,渠
道分级开挖,中间设置马道,边坡坡比为(1:1.5)~(1:3.5);对于(灰
岩)岩质边坡,一级边坡坡比为1:0.7,打锚杆挂钢筋网衬砌,一级马道
以上边坡坡比为1:0.7,并采用打锚杆挂钢筋网喷护。在地下水位高
于渠底板渠段,在渠坡设计时均加有逆止阀等排水设施,降低地下水对
渠坡的渗透压力和顶托破坏作用。

1.2.5.5　渠道内地裂缝问题

地裂缝位于焦作段白庄村与沿山村之间的耕地中、总干渠设计桩
号Ⅳ61+490~Ⅳ62+560,长度约1 360 m,近似呈直线型,走向基本与
总干渠中心线一致,南段距离总干渠中心线3~15 m,向北逐渐偏离中
心线,北端最远处偏离中心线约180 m。

该渠段场地西北有方庄煤矿深部采空区,东南有白庄煤矿采空区,
下伏九里山断裂形成的埋藏基岩陡崖,土体结构存在差异,环境地质条
件复杂,形成有地裂缝发育的地质缺陷。经初步的综合分析,裂缝成
因:受九里山断裂构造的控制,在其他环境工程地质条件的变化因素
(采矿活动引起的应力释放、地下水下降、地表水下渗)诱发和激化的
叠加作用的结果。综合地质成因分析和初步监测结果分析,地裂缝基
本稳定,可能诱发地裂缝的环境地质因素(采矿、地下水)趋于缓和,综
合评估白庄地裂缝的危害正在逐渐减小。目前,地裂缝的监测工作正
在进行。

对地裂缝渠段的处理,设计采用一级马道以下:沿过水断面,全断
面换填土工格栅。一级马道以上:①对渠坡采用换填土,下铺土工膜对
裂缝进行封堵防护;②对两头的地裂缝采用沿垂直地裂缝方向各设置
2排高压旋喷桩进行封堵处理。

1.2.6　石方边坡衬砌

1.2.6.1　施工方案

每两台衬砌钢模台车组成一组,称为一套衬砌模板,同时完成一套
衬砌模板所有施工工序作为一个工作循环。施工道路充分利用一级马
道及渠道底板,混凝土水平运输选用混凝土罐车,入仓方式采用溜斗加

溜筒,振捣采用 φ50 软轴振捣器。施工方案概括为多开仓面、跳仓布置、交替施工、流水作业。

1. 多开仓面

由于钢模台车的自动化程度远不如衬砌机,必须增加工作仓面、增加钢模台车的数量才能提高施工效率。渠坡钢模台车可按照两岸对称原则布置,也可按照顺坡间隔布置,根据人力、设备资源尽可能多开工作面,提高施工进度。

2. 交替施工

在混凝土浇筑施工中,每组两台钢模台车同时交替浇筑,一台车开始浇筑,另一台车安装模板,这样既能保证各工种作业同时都有工作面,互不影响,又能保持混凝土连续不间断施工。

3. 流水作业

一方面尽量布置多组钢模台车,形成多个工作面;另一方面,锚杆、钢筋制安超前施工,尽可能提供足够的工作面,形成流水作业态势,有利于发挥钢模台车作用,提高工作效率。

1.2.6.2　施工程序及方法

1. 锚杆、排水孔施工

建基面验收后进行锚杆、排水孔施工,锚杆注浆采用孔底注浆法注浆。

2. 轨道铺设

衬砌钢模台车行走轨道分上、下轨道,分别安装在坡顶和坡脚处,按照钢模台车的规格测量定位轨道线路控制桩,准确铺设台车的行走轨道,坡脚轨道布置距离坡脚 1.7 m 处(依据底板设计分缝而定),底部置于建基面,局部采用 C20 混凝土找平。轨道铺设完毕后,可以用钢筋台车(便于钢筋安装的简易台车)试运行,以便检查轨道铺设效果。

轨道对钢模台车起到承载和固定的作用,轨道的刚度直接影响衬砌面板的厚度和平整度,首选优质钢轨,同时采取必要的加固措施,防止轨道位移。采用插筋及垫板加固,插筋选用 Φ22 钢筋,排距 100 cm,入岩深度 30 ~40 cm,垫板选用 400 mm ×200 mm ×10 mm 钢垫板,垫板、插筋、轨道焊接成整体效果会更好。

3. 台车组装、机车调试

钢模台车组件运至施工现场,预先在衬砌工作面以外组装成型。钢模台车以 360 mm 工字钢为主桁架,桁架间用 200 mm 槽钢相连接,每台车由五块 200 cm×410 cm 模板组成(设计分缝宽度为 4 m),单块模板背面通过 4 根 ϕ40 mm 丝杠连接槽钢与主桁架形成整体。每块模板由四个丝杠控制,可以定位和导向、防止模板变形或脱落。单块模板面板采用 6 mm 厚钢板,骨架采用 100 mm 槽钢制作。混凝土浇筑过程中先将底部模板用丝杠调整到位,当浇筑距模板顶部 10~20 cm 时停止下料,再将上部第二块模板调整到位,依次循环作业直至单仓完成。

主桁架上、下两端各设同步电机作为动力行走系统,机车初步运行以自重稳定,浇筑施工中设上拉下撑装置(两侧各 6 根 ϕ 28 的锚筋,单根长度 70 cm),确保作业安全。

衬砌钢模台车组装完成后,由专业人员指导台车精确调试,测试台车各项性能,排除机械故障,直至台车满足衬砌作业要求。施工中每组两台衬砌钢模台车间保持 60 m 左右为最佳距离。

4. 工作面准备

工作面准备包括清理、找平和立侧面模板。首先采用高压风水枪辅以人工清理坡面基岩,要求无松动岩石、无尖角岩坎,表面干净,无油污、杂物、积水和碎渣,工作仓面内局部超挖严重部位用 C20 混凝土找平,然后按照设计分缝位置立侧面模板。侧面模板安装完成后,渠坡混凝土表面位置就已确定,这样便于准确安装钢筋网片和排水器的位置。

5. 钢筋、排水器安装

钢筋制安首先定位造孔、布置架立筋,垂向架立筋选用 ϕ 16 钢筋,排间距 100 cm×100 cm,入岩 20 cm,外露 15 cm,水平架立筋利用结构筋替代,然后按照设计要求绑扎钢筋网片。

排水器由逆止式排水阀和排水管组成,其作用是有效排除衬砌面板背部的坡面积水。首先在建基面上施工排水孔,排水器的安装要求与坡面排水孔相连,排水器底部与岩石面缝隙采用砂浆封堵,局部超挖部位排水管加长,外露面采用胶带封堵,拆模后将胶带撕开,排水阀的表面要与混凝土表面保持在同一平面。为了保证排水器在施工中不产生位移,需采取加固措施:先在排水器周围固定 4 根 φ16 锚筋作为支架,锚筋深入基岩 20 cm,然后焊接上下两层 φ6.5 钢筋井型架加以固定。

6. 台车就位

工作面验收完成后,衬砌钢模台车就可以移动就位并加固。

7. 混凝土浇筑

施工中每组两台衬砌钢模台车同时作业,首先浇筑第一台车作业仓面,混凝土采用溜筒入仓,作业人员站于模板顶部(丝杠控制模板可调节幅度为 55 cm)用 φ50 软轴振捣棒对仓内混凝土进行振捣。当混凝土浇筑距离第一块模板顶部 10 ~ 20 cm 时停止浇筑,进行第二块模板安装;同时,转入第二台车作业仓面浇筑,当再次完成第一块模板浇筑时返回第一台车作业面浇筑第二层;依次连续交替施工直至任务完成,这样同时完成一组钢模台车的混凝土施工就完成一个工作循环。

混凝土入仓前,应在对坡面进行洒水湿润,但不能产生积水;控制混凝土的和易性及坍落度;施工仓面较小,应采用平铺法浇筑,平铺厚度 30 ~ 50 cm;混凝土入仓要连续、均匀,及时平仓,不得堆积;混凝土振捣线路保持一致,并按顺序均匀、连续依次进行,振捣器倾斜方向应保持一致(尽可能垂直),不得过振、漏振。

8. 拆模、养护

模板拆除时应自上而下进行,利用丝杠将模板拉升至台车桁架处即可。完成拆模后将衬砌钢模台车驶往下一工作面,并对模板表面进行保养。

混凝土养护采用先覆盖土工布、后洒水的方法,这样既可节约用水,又有利于混凝土的养护。

1.2.6.3　施工效果

目前,焦作 2 段石渠段边坡衬砌还处在试验阶段,结合不同地质结构的边坡设计,还可以对钢模衬砌台车做必要的改进,以便能适用不同坡比、不同高度、不同厚度的衬砌边坡。实践证明采用衬砌钢模台车施工工艺效果较好,混凝土表面平整、光滑、观感好;经过实体检测,其质量满足南水北调渠道衬砌混凝土施工质量标准。与采用散装组合小模板比,钢模衬砌台车施工机械化程度高,具备易操作、进度快、效率高、质量好等优点,每组钢模台车浇筑强度可以达到 80~120 m/min,工期至少提前一半。该项施工技术的成功应用,为南水北调类似工程奠定了良好的基础。

1.3 方城段工程

1.3.1 工程概况

南水北调中线总干渠陶岔—沙河南段是中线输水工程的首段,位于河南省南阳市、平顶山市境内。起点位于陶岔渠首闸下,终点位于沙河南岸鲁山县薛寨北,线路长 238.742 km,沿线经过河南省南阳市淅川、邓州、镇平、方城四县(市)及卧龙、宛城二个城郊区和平顶山市的叶县、鲁山县,共 8 个县(市)。南水北调中线方城 II 段线路位于河南省方城县境内,起点为桩号 159+982,终点位于三里河北岸方城县和叶县交界处,桩号 185+545,全长 25.563 km。全渠段设计流量 330 m^3/s,加大流量 400 m^3/s。

方城 II 段主要由明渠以及各类交叉建筑物组成。沿线共布置河渠交叉建筑物 3 座,左岸排水建筑物 11 座,渠渠交叉建筑物 2 座,跨渠公路桥 16 座,生产桥 5 座,节制闸 1 座,退水闸 1 座等建筑物。

南水北调中线工程为 I 等工程,输水建筑物为 1 级建筑物。方城 II 段工程为输水工程的一部分,主要建筑物为 1 级(明渠、脱脚河倒虹吸、贾河渡槽、草墩河渡槽等),次要建筑物为 3 级(左排建筑物、生产桥、公路桥等)。

1.3.2 水文气象

1.3.2.1 水文

1.设计水位

方城 II 段主要河流交叉断面设计洪峰流量见表 1-2,现状情况设计水位见表 1-3。

表 1-2　方城 Ⅱ 段主要河流交叉断面设计洪峰流量

（单位：m³/s）

序号	河流	不同频率洪峰流量					
		0.33%	1%	2%	5%	10%	20%
1	脱脚河	1 330	1 060	888	677	515	363
2	贾河	3 170	2 530	2 100	1 600	1 220	842
3	草墩河	1 190	949	798	610	466	328

表 1-3　方城 Ⅱ 段主要河流交叉断面现状情况设计水位（单位：m）

序号	河流	不同频率设计洪水				
		20%	5%	2%	1%	0.33%
1	脱脚河	131.20	132.71	133.48	133.89	134.31
2	贾河	124.31	125.18	125.64	125.99	126.64
3	草墩河	123.58	124.30	124.70	125.00	125.41

2. 施工设计洪水

方城 Ⅱ 段主要河流交叉断面施工设计洪水见表 1-4。

表 1-4　方城 Ⅱ 段主要河流交叉断面施工设计洪水

（单位：m³/s）

河名	时段	不同频率设计洪水			
		5%	10%	20%	33.3%
脱脚河	汛期	677	515	363	—
	11 月至次年 4 月	380	226	112	47.0
	11 月至次年 5 月	448	265	120	48.0

续表1-4

河名	时段	不同频率设计洪水			
		5%	10%	20%	33.3%
贾河	汛期	1 600	1 220	842	—
	11月至次年5月	460	282	137	60
	10月至次年5月	580	350	167	71
草墩河	汛期	610	466	328	—
	11月至次年4月	365	218	108	45.0
	11月至次年5月	425	250	111	45.5

1.3.2.2 气象

本段内河流属北亚热带湿润地区,雨量较充沛。多年平均降水量800 mm左右,总体上是由北向南递减。年降水量主要集中在6～9月,其多年平均降水量占年降水量的64%,最大可达87%以上。6～9月中又以7、8两月为主,其多年平均降水量约占年降水量的42%,最大可达72%。

根据距离总干渠最近的方城气象站实测气象资料统计,多年平均气温14.4 ℃,多年分月平均气温以7月27 ℃为最高,1月0.5 ℃为最低;实测极端最高气温41.3 ℃,出现在1966年7月19日;实测极端最低气温－16.0 ℃,出现在1969年1月31日;全年最低气温低于0 ℃的日数,多年平均为83.3 d。

多年平均日照时数2 059 h;多年平均相对湿度71%;多年平均雾日数21.3 d;霜日数57.4 d,初霜最早日为10月15日,最晚霜止日出现在4月12日。全年盛行的风向为NE,多年平均风速3.1 m/s,实测最大风速20.0 m/s,实测最大积雪深27.0 cm,多年平均地温(距地面0 cm)16.6 ℃,最大月平均地表温度为7月30.5 ℃,最小月平均地表温度为1月1.3 ℃。多年平均5 cm深地温15.8 ℃,20 cm深地温16.1 ℃,实测最大冻土深度8.0 cm。

历年平均降雪日数为13.9 d,初雪最早日为11月1日,最晚降雪终止日为 4 月 20 日。

1.3.3　工程地质

1.3.3.1　地形地貌

本标段起始于干渠桩号 159 + 982,沿伏牛山脉东麓山前岗丘地带及山前倾斜平原,穿越伏牛山东部山前古坡洪积裙及淮河水系冲积平原后缘地带,止于方城与叶县交界部位的三里河桩号 185 + 545。渠段地貌形态以低矮的垄岗与河谷平原交替分布为特征。

1.3.3.2　地层岩性

本标段地表多为第四系履盖,出露和揭露的地层有上第三系(N)和第四系(Q)。

上第三系(N)河湖相沉积,具多韵律构造,由棕褐色、黄色、灰绿色、灰白色黏土岩、泥灰岩、砂岩、砂砾岩等互层或其中几种岩性组成,多数为泥质结构,呈微胶结,局部钙质微胶结。岩性、岩相变化大,厚薄不一,钻孔揭露最大厚度 65 m。黏土岩单层厚 3 ~ 17 m,泥灰岩一般厚 5 ~ 14 m,一般具中等—强膨胀性。砂岩层厚 5 ~ 12.4 m。砂砾岩砾石含量 15% ~ 40%,层厚 4 ~ 10 m。

第四系中更新统(Q_2^{dl+pl}),为坡洪积,坡洪积多含砾卵石。以黄、棕黄色粉质黏土为主,局部夹灰白、灰绿色黏土条带。含少量铁锰质结核。黏性土一般具弱—中等膨胀性,一般厚 3 ~ 10 m。

第四系上更新统(Q_3^{al})上部为褐黄—灰褐色粉质黏土、粉质壤土;下部由灰黄—褐黄色含泥中细砂、砾砂、粉土质砾等组成,一般具二元结构。粉质黏土具弱膨胀性,局部具中等膨胀性。砂砾卵石、粉土质砾常为渐变关系,砾径 3 ~ 8 cm,大者达 11 cm 以上,砾卵石含量达 30% ~ 65%,层厚 1 ~ 8.6 m。

第四系全新统下部(Q_4^{al+1})由沙壤土、粗砂、砾砂等组成;厚度 1 ~ 9.0 m,全新统上部(Q_4^{al+2}):主要由砂砾卵石组成。

1.3.3.3　水文地质条件

第四系孔隙潜水、承压水主要分布于上更新统(Q_3)中砂、粗砂、砾砂、粉土质砾含水层中,承压水位 128 ~ 130 m,承压水头 3 ~ 6 m。

中更新统(Q_2)粉质黏土、黏土上层滞水一般无统一地下水位,水位变幅 1 ~ 4 m。

上第三系(N)层间含水层多为承压水,构成多层层间含水层,砂岩单层厚 3.0 ~ 15.7 m,砂砾岩单层厚 4 ~ 13 m,近地表为潜水含水层,深部具有承压性。

全新统冲积含砾粗砂、砾质中砂渗透系数 $k = i \times 10^{-3} \sim i \times 10^{-1}$ cm/s,更新统黏性土,渗透系数 $k = i \times 10^{-8} \sim i \times 10^{-2}$ cm/s,极微—中等透水性,粗砂、砂砾卵石渗透系数 $k = i \times 10^{-3} \sim i \times 10^{-2}$ cm/s。

渠段内上第三系黏土岩和砂质黏土岩为不透水层,砂岩渗透系数 $k = i \times 10^{-4} \sim i \times 10^{-2}$ cm/s,砂砾岩渗透系数 $k = i \times 10^{-4} \sim i \times 10^{-2}$ cm/s。下第三系砾岩、元古界片岩一般不透水。

1.3.4　岩土体的渗透性

渠段内试验成果表明,不同时代的黏性土层均具弱—微透水性,渗透系数 $k = i \times 10^{-7} \sim i \times 10^{-5}$ cm/s,为相对隔水岩组,含钙质结核粉质黏土,具弱透水性,钙质结核层具弱偏中透水性,地表黏性土具弱透水性,砾质土具弱偏中等透水性,含砾粗砂、砾质中砂、砾卵石具中等—强透水性,渗透系数 $k = i \times 10^{-3} \sim i \times 10^{-1}$ cm/s,局部含泥量较高段呈弱透水性。区段内元古界(Pt)片岩、变质砂岩属硬质岩类,岩体透水性受裂隙发育程度控制,一般透水性较弱,表层 1 ~ 2 m 具中等透水性,渗透系数 $k = i \times 10^{-4} \sim i \times 10^{-3}$ cm/s。下第三系(E)页岩、泥岩、泥质、泥钙质胶结,属较软岩,为不透水层,砂砾岩、砾岩一般泥钙质胶结,为较硬岩,一般不具透水性。上第三系(N)多为软岩,黏土岩和砂质黏土岩、泥灰质黏土岩一般为不透水层;软质碎屑岩的透水性主要取决于岩性、胶结程度,砂岩、砂砾岩多为泥质弱胶胶结,胶结程度差,渗透系数 $k = i \times 10^{-4} \sim i \times 10^{-1}$ cm/s,具中等—强透水性。

1.3.5　含水层分组

根据渠道地质结构及渠底板附近土岩体的含水层特性,进行含水层组划分。

（1）基岩裂隙含水岩组。由元古界（Pt）片岩、变质石英砂岩裂隙含水层（①－1）、下第三系（E）岩溶裂隙含水层（①－2）组成，地下水为潜水，局部以岩溶水或断层水的形式出现，水量不丰。

（2）上第三系（N）孔隙含水层组（②）。由黏土岩－砂质黏土岩－泥灰质黏土岩含水层（②－1）及砂岩－砂砾岩－砾岩含水层（②－2）组成，含水层一般埋藏于第四系含水层（③）以下，地下水分为潜水和承压水两种类型，水量丰富，补给范围大。

（3）第四系孔隙－裂隙含水层组。含水层由第四系粉质黏土－粉质壤土（③－1）、钙质结核层（③－2）、铁锰质结构核层（③－3）、含钙质结核粉质黏土层（③－4）组成，分布于岗垄、岗垄平原，含水层一般厚度大，地下水位埋深浅，水量少，地下水位随地形地貌变化大，为上层滞水；③－2、③－3一般呈薄层状或透镜状分布，土体渗透性相对大，为透水夹层。

第四系全新统（Q₄）孔隙含水层组。主要含水层③－6由砂及砾卵石组成，分布于河流河床、漫滩及一级阶地下部。

第四系孔隙含水层组。含水层为第四系中细砂、粗砂、砾砂、砾卵石（③－5），多具中等—强透水性。

1.3.6 主要建筑物

1.3.6.1 脱脚河倒虹吸

脱脚河倒虹吸位于古庄店乡榆林村赵庄南，为4孔钢筋混凝土暗涵，共由进口渐变段、进口检修闸、管身段、出口节制闸、出口渐变段五部分组成，全长327 m。设计流量330 m³/s，加大流量400 m³/s。进口渐变段长48 m，为直线扭曲面，边坡系数0～2.0，底宽20～24.6 m，底板厚0.5 m。进口检修闸长16 m，为平底板开敞式钢筋混凝土结构，闸室共有4孔，闸孔单孔净宽6.9 m。闸底板厚2.5 m，闸室设有交通桥、检修便桥，闸室内设有2孔的检修门，闸室左右岸各设一门库，平时放置于门库中，采用2×100 kN电动葫芦（含抓梁）起吊。管身段长180 m，由进口斜管段、水平管身段、出口斜管段组成，管身纵向分为12节，其中进口斜管段4节，水平管身段4节，出口斜管段4节，斜管段坡度为 1:4。横向为 2 联共 4 孔箱形钢筋混凝土结构,两联中间设一道纵向沉降缝。单孔孔径尺寸为 6.9 m×6.9 m(宽×高),底板厚 1.3 m,倒角尺寸为 50 cm×50 cm,边墙厚 1.3 m,中间隔墙厚 1.2 m,顶板厚 1.3 m,最大管节长度 16 m。出口节制闸长 23 m,为平底板开敞式钢筋混凝土结构,闸室共有 4 孔,闸孔单孔净宽 6.9 m。闸底板厚 2.5 m,闸墩高 13.35 m。采用液压启闭机以及弧形钢闸门。闸室两岸各设一检修门库。出口右侧平台建有 35 kW 降压站一座。出口渐变段长 60 m,为直线扭曲面,边坡系数 0~2.0,底宽 20~24.6 m,底板厚 0.5 m。倒虹吸上部采用干砌石、浆砌石恢复渠道,渠道过水断面为梯形断面。渠道底部净宽 41.27 m,渠道内坡坡度 1:3.0,渠道两侧顶高程 133.3 m,渠道内坡进口侧设宽 20.5 m、出口侧设宽 11.2 m 宽马道。

1.3.6.2　贾河渡槽

贾河渡槽在总干渠起点桩号 177+551,终点桩号 178+304,全长 480 m,包括进口渠道段、进口渐变段、进口节制闸、进口连接段、槽身段、出口连接段、出口闸室段和出口渐变段。槽身段全长 200 m,跨径布置为 5×40 m,采用双线双槽布置形式,中线距 18 m。槽身结构形式为双幅预应力开口矩形槽(槽身上口设钢筋混凝土拉梁),单槽顶部全宽 15 m,底部全宽 15.5 m,最大高度 8.93 m,两槽之间加盖人行道板。双线渡槽全宽顶宽 33 m,底宽 33.5 m。渡槽过水设计流量 330 m³/s,加大流量 400 m³/s;纵向坡度 1/1 000。工程安全等级一级。槽身净宽 13.0 m,底板在跨中厚 0.7 m,支座断面厚 1.15 m,梁高在跨中为 8.48 m,支座断面为 8.93 m。侧墙厚度在跨中断面由顶部的 0.7 m 向底部的 0.9 m 渐变,支座断面渡槽全高范围均为 0.9 m 厚。渡槽侧墙顶部沿纵向每 2.5 m 设置一根 0.3 m×0.5 m 拉杆,在槽身端部设置 1.0 m×0.5 m 拉杆兼顾检修通道的功能。

1.3.6.3　草墩河渡槽

根据草墩河地形地质条件及洪水特性草墩河交叉建筑物共研究了涵洞式渡槽、梁式渡槽和渠道倒虹吸 3 种形式。经过多方面的论证分析,渡槽采用单跨双幅布置,受力体系为简支渡槽。跨径组成为 5×30 m,跨径 30 m,槽体长 29.94 m,渡槽重 2 029 t,设计水深 6.26 m,加大水深6.96 m,上部为三向预应力矩形槽,下部为空心薄壁墩、桩基础。单槽净宽13 m,槽净高7.28 m,槽端底板厚1.15 m,宽15.5 m,腹板底宽1.07 m,顶宽0.9 m,槽体高8.93 m;跨中底板厚0.7 m,宽15.5 m,腹板底宽1.07 m,顶宽0.7 m,槽体高8.48 m。双幅槽体间距2.5 m,渡槽共布置6个槽墩,墩身为空心板墩,由桩基、承台、墩身、墩帽组成。

1.3.7 渠道工程安全事故类型及应急处置

1.3.7.1 滑坡(塌)

1.挖方渠道过水断面以上渠道边坡滑坡(塌)

(1)滑坡(塌)体位于坡顶附近时,对于有外来雨水继续沿坡顶面入渗的滑坡(塌)体,可在坡顶外稳定区域修筑截流土埝,阻止外水顺滑坡(塌)面下渗。同时,对滑坡(塌)体上部采用人工或机械开挖的方式卸荷减载,滑坡(塌)表面和减载暴露的坡面及坡顶采用土工膜覆盖,防止雨水继续下渗。

(2)滑坡(塌)体位于渠坡中部时,在滑坡(塌)体顶部沿滑裂面采用黏性土齿墙进行封闭防渗处理,滑坡(塌)体表面采用土工膜覆盖,防止雨水继续下渗。

(3)滑坡(塌)体位于一级马道附近时,正在滑坡(塌)体顶部沿滑裂面采用黏性土齿墙进行封闭防渗处理,滑坡(塌)体表面采用土工膜覆盖,防止雨水继续下渗,同时在滑坡(塌)体下部采用块石或编织土袋压重固脚。

2.填方渠段外坡滑坡(塌)

在滑坡(塌)体顶部沿滑裂面采用黏性土齿墙进行封闭防渗处理,并在下缘用反滤料铺设排水反滤体(厚度以堆压块石或土袋后雨水能顺畅排出为宜),然后在排水反滤体上用块石或编织土袋堆填压脚戗台固脚,同时采用土工膜将外露部分的滑坡(塌)体覆盖,防止雨水继续下渗。

3.填方渠断与建筑物结合部滑坡(塌)

处置措施参照填方渠段外坡滑坡(塌)进行处置。

注意事项如下:

（1）一经发现滑坡（塌）迹象就应立即处理。

（2）不宜在滑动土体的上部、中部用加载的办法阻止滑坡。

（3）人工或机械在滑坡（塌）体上部开挖卸荷作业时,应从边缘向中间推进,人员或机械应处在滑坡（塌）体外的稳定区域,尽量避免在滑坡（塌）体上作业和逗留,弃土应尽量远离滑坡（塌）面。

（4）人工或机械在滑坡（塌）体中下部作业时,应尽量避免对滑坡体的震动扰动。

（5）不推荐采用打入木桩或钢管桩的方式处理滑坡（塌）,避免打桩过程中的震动影响边坡稳定。

（6）对已经发生的滑坡（塌）,应安排人员值守、警戒。对于影响工程维护道路通行的滑坡（塌）松散体,应在确保不影响滑体稳定及人员、设备安全的情况下,及时将松散体清除。

1.3.7.2　集中渗漏

采用内堵外导的方法进行处理。在渗漏出口处铺设反滤料、块石压浸平台,防止水土流失,在渠道内侧用袋装黏性土对入渗口进行封堵,然后沿渠道内坡面铺设土工膜,再用土袋压重。

注意事项如下：

（1）坡后压浸与坡前堵漏应同时进行,且反滤料、块石压浸平台铺设厚度应能满足有效阻止土颗粒外流为宜,处理后不得继续渗出浑浊水。

（2）在坡后漏水出口处切忌用不透水材料强塞硬堵,以防险情扩大。

1.3.7.3　外水漫堤

在水位接近堤顶并持续上涨时,可在堤顶用编织土袋修筑截流土埝,并在截流土埝外侧距截流土埝约 50 cm 处开挖截渗槽,底宽 30 ~ 50 cm,槽深 30 ~ 50 cm;同时在截流土埝外侧坡面敷设土工膜,土工膜下端埋入截渗槽,用黏土填塞压实。

1.3.7.4　溃口

（1）在溃口较窄时,采用大体积物料如铅丝石笼等及时抢堵,以免溃口扩大。

(2)溃口尺寸较大时,应在第一时间采用铅丝石笼或钢筋石笼等抢筑裹头。在上述措施无效时,应采用立堵法在迎水面沿溃口两侧分别打入两排木桩,然后在桩前抛投铅丝石笼或钢筋石笼,在桩后抛块石减少急流对渠堤的正面冲刷,减缓溃口的崩塌速度。待裹头初步稳定后,采用打桩等方法进一步予以加固并逐步向中间推进。待龙口缩小时采用平堵法实现溃口合龙,向龙口抛填铅丝石笼钢筋石笼护底,龙口稳定后实施封堵措施。溃口合龙时若流速、流量较大不宜合龙,可采用钢管框架阻挡填料实现合龙。

1.3.8 左岸截流渠存在的问题与对策

1.3.8.1 存在的问题

1. 中线左岸截流渠与原自然沟没有贯通

由于原自然沟水流方向与现左岸截流渠水流方向的矛盾,原有排水沟无法与之连接。例如:桩号 Z138 +372 处,左岸渔池村排水口的排水方向向东;截流渠水流方向向西,且截流渠没有与该自然沟联通,在此处被堵,若到汛期,会使渔池、余庄、裴庄、党庄、南杨庄 5 个自然村 2.6 km² 的雨水不能顺利排放。类似此种情况还有 4、5、6、7 农渠排水沟都没接通。

2. 左岸截流渠底高程高于原自然沟底高程

经实地勘测桩号 Z133 +287 ~ Z136 +140(熊庄桥至姜栋庄桥,以下简称西段),原有自然沟 12 条,只有 5 条接入截流渠,还有 7 条没有接入;又自桩号 Z137 +475 ~ Z140 +386(赵平路至小武庄段,以下简称东段),原自然排水沟入口 11 处,只有 2 处连接,其余 4 处无连接,5 处现有截流渠渠底高出原沟底平均 0.5 m。

3. 左岸截流渠设计流量小于原自然沟排水流量

根据实测资料,岸截流渠最大过水能力:西段最大过水流量 3.9 m³/s;东段最大过水流量 4.2 m³/s。西段主要来水自然沟有以下 3 条:

(1)五斗渠北侧排水沟。

(2)七支渠北侧排水沟。

(3)新五斗渠北侧排水沟。

用水力公式计算出:

(1)五斗渠北侧排水沟来水流量 $Q=6.15\ \mathrm{m^3/s}$。

(2)七支渠北侧排水沟来水流量 $Q=2.46\ \mathrm{m^3/s}$。

(3)新五斗渠北侧排水沟来水流量 $Q=3.15\ \mathrm{m^3/s}$。

三处合计 $Q=12.12\ \mathrm{m^3/s}$。与左岸截流渠排水能力 $Q=3.9\ \mathrm{m^3/s}$ 相比大近 2 倍。

4. 左岸截流渠最大排水量与服务区域估算排水流量的比较

实测西段来水面积 3.2 $\mathrm{km^2}$(含村庄占地 0.27 $\mathrm{km^2}$);东段来水面积 4 $\mathrm{km^2}$(含村庄占地 0.52 $\mathrm{km^2}$)。依据《农田水利工程》和《方城县水利区划》查得:各种影响因素的综合系数 K 值和径流指数 m 值,除涝标准为 3 年一遇。依据排涝模数经验公式和排水流量公式,计算出西段排水流量为12.65 $\mathrm{m^3/s}$;东段排水流量为 15.22 $\mathrm{m^3/s}$。

1.3.8.2　解决对策

综上所述,西段现有截流渠排水能力 3.9 $\mathrm{m^3/s}$,与所需排水量 12.65 $\mathrm{m^3/s}$ 相比少 8.75 $\mathrm{m^3/s}$,东段现有截流渠排水能力 4.2 $\mathrm{m^3/s}$,与所需排水量 15.22 $\mathrm{m^3/s}$ 相比少 11.02 $\mathrm{m^3/s}$。为解决截流渠顺利将水排放,免使沿线居民的生命财产受到威胁,建议如下:

(1)西段因受七支渠倒虹吸限制,不能向南修建排洪倒虹吸;只能扩大现有截流渠断面,降低渠底设计高。

(2)东段解决方案两个:①在原有自然流水方向不变的情况下,在桩号 139+400 左右设倒虹吸一座,将应排洪水向南通过现有公路涵向南排入原自然沟。左岸原自然沟底高程 137.49 m,S103 线南沟底高程 135.68 m,能保障排水需要。②依据所得流量,确定截流渠尺寸,满足排洪要求。

1.4　潮河段工程

1.4.1　工程概况

沙河南—黄河南潮河段工程设计单元是南水北调中线总干渠第 Ⅱ

渠段(沙河南—黄河南)的组成部分。本设计单元渠段起点为潮河段始于新郑市梨园村、新密铁路渠倒虹出口296.4 m处,设计桩号SH(3)133 +380.8,坐标 X =3 812 000.500, Y =471 551.413;终点位于中牟县和郑州市交界处,与郑州2段工程起点相接,设计桩号SH(3)179 +227.8,坐标 X =3 832 416.755, Y =477 679.662,全长45.847 km,其中建筑物长0.603 km,明渠长45.244 km。该设计段内共有各类建筑物76座,其中:河渠交叉5座,左岸排水17座,分水闸2座,节制闸2座,交通桥35座,生产桥13座,铁路桥2座。

本段起点断面设计流量305 m³/s,加大流量365 m³/s[S(3)133 +380.8 ~ SH(3)166 +188],终点断面设计流量295 m³/s,加大流量355 m³/s[SH(3)166 +188 ~ SH(3)179 +227.8]。设计水位为123.154 ~ 121.145 m。渠道过水断面呈梯形,设计底宽为23.5 ~ 15 m,堤顶宽5 m。渠道边坡系数为3.5 ~ 2.0,设计纵坡为1/26 000 ~ 1/24 000。

本标段为潮河段第六施工标段,设计桩号为SH(3)164 +500 ~ SH(3)172 +500,标段长度8.0 km,标段内共有各种建筑物11座,其中:左排倒虹吸3座,分水闸1座,公路桥5座,另有生产桥2座(不在本次招标范围之内)。

1.4.1.1　渠道

渠道为梯形断面,渠底宽度有15 m、16 m、16.5 m、17.5 m、18.5 m、20 m、21 m七种,内坡1:2.5 ~ 1:31.5,每0.25一档,共5种边坡,渠段内共有7个连接段,连接段长分15 m、20 m、和25 m三种,渠底高程114.712 ~ 114.404 m,渠道二、三级边坡为1:2.25 ~ 1:3.0,一级马道(堤顶)宽5.0 m,外坡1:1.5,渠道纵比降为1/26 000。全渠段采用混凝土衬砌,渠坡厚度10 cm,渠底厚度8 cm。混凝土衬砌强度等级为C20,抗冻标号F150,抗渗标号W6。全渠段采用复合土工膜防渗。在渠底及渠坡防渗复合土工膜下均铺设保温板防冻层。

本标段特殊土处理中没有膨胀土、湿陷性黄土处理任务,有地震液化段处理长度5 520 m,采用强夯、挤密砂石桩和换土 + 挤密砂石桩等不同方法处理;高地下水位砂质渠坡段长4 536 m,采用水泥基固结土(HEC)贴坡挡墙处理;大马村东—老张庄沙丘沙地段处理长6.441

km。

在渠道开口线与永久占地线之间设有截(导)流沟、防洪堤、林带。截流沟纵比降根据地形确定,为防止冲刷,纵比降较陡处全断面采用干砌石护砌。

1.4.1.2　大河刘沟排水倒虹吸

大河刘沟排水倒虹吸位于河南省中牟县张庄镇大河刘村东约 0.7 km,交叉点处总干渠桩号为 SH(3)165 + 529.0,大地坐标为 $X = 3\,827\,200.151$,$Y = 488\,243.768$(1 度带)。交叉断面以上大河刘沟集水面积 8.4 km^2,沟道 50 年一遇洪峰流量 36 m^3/s,200 年一遇洪峰流量 52 m^3/s。工程修建后沟道 50 年一遇洪峰流量 38 m^3/s,200 年一遇洪峰流量 45 m^3/s。大河刘沟排水倒虹吸总长 240.229 m,其中管身水平投影长 151.229 m,管身断面为 2 孔箱形,单孔过水断面 2.5 m × 2.5 m。

本地区地震基本烈度Ⅶ度。

本工程主要由进口连接段、管身段、出口消能防冲段等部分组成。

1. 进口连接段

进口段总长 35.00 m,由护砌段、水平连接段组成。护砌段长 15 m,底宽由 12.0 m 渐变为 6.0 m,边坡为 1:2.0,底板高程 119.50 m,底板及边坡护砌厚均为 0.3 m,采用 M7.5 浆砌块石;为减少泥沙进入倒虹吸,在护砌段末端布置一高 0.5 m 的拦砂坎,坎顶高程 120.00 m;水平连接段长 20.00 m,底板高程 119.50 m,底宽 6.0 m,底板厚 0.5 m,两侧采用 C20 混凝土圆弧形翼墙,翼墙采用悬臂式挡土墙,墙顶高程按 200 年一遇滞蓄洪水位加 0.3 m 超高确定为 123.85 m,底板和翼墙均采用 C20 混凝土。水平连接段出口与倒虹吸进口相连。进口翼墙、底板与进口管身之间分缝中设两道橡胶止水带,一道密封胶。进口段所有分缝中填充聚乙烯闭孔泡沫板,厚 2 cm。

2. 管身段

倒虹吸管身由进口斜管段、水平管段、出口斜管段三部分组成,其水平投影长度分别为 58.668 m、38.115 m 和 54.446 m,总长 151.229 m;进、出口斜管段坡度分别为 1:6 和 1:7,倒虹吸进口底高程 119.50

m,水平管段底高程 109.722 m,出口底板高程 117.5 m。管身纵向设 12 条沉陷缝,以适应地基不均匀沉陷及温度变化引起的管身伸缩。缝内设两道遇水膨胀橡胶止水带,迎水面设 3 cm 厚密封胶,并以聚乙烯闭孔泡沫板填缝,管身接缝外侧采用长丝无纺土工布包裹,缝两侧宽各 40 cm。整个倒虹吸管身底部设厚 10 cm 的 C10 混凝土垫层,以改善地基应力分布,也方便施工。水平段管顶埋深在总干渠渠底下 2.0 m。倒虹吸管身横向为 2 孔箱形钢筋混凝土结构,单孔孔口尺寸为 2.5 m×2.5 m,顶板厚 45 cm,底板厚 50 cm,边墙厚 40 cm,中隔墙厚 40 cm。管身采用 C30 钢筋混凝土。

3. 出口消能防冲段

出口消能防冲段总长 54.00 m,由消力池段、海漫段、防冲槽段组成。消力池段长 18 m,宽 5.35 m,深 1.0 m,底板厚 0.7 m,底板上设垂直排水孔,下设 0.2 m 粗砂垫层和土工布反滤层,两侧为悬臂式翼墙,采用 C20 混凝土;海漫段长 36 m,其中前 17 m 为八字墙渐变段,底宽由 5.35 m 变为 12.00 m,底部高程为 118.50 m,底板采用 M7.5 浆砌块石;后 19 m 为梯形断面,边坡为 1:2.0,底板及护坡均为 0.3 m 厚的 M7.5 浆砌块石;为防止海漫底部遭受冲刷,在海漫末端设防冲槽,深 2.0 m。出口段除消力池底板与翼墙间的缝中设一道橡胶止水带外,其余分缝中填充聚乙烯闭孔泡沫板,厚 2 cm。

1.4.1.3　中牟县小河刘分水闸

小河刘分水闸位于中牟县张庄镇小河刘村东约 500 m 处,总干渠的右岸,建筑物轴线与总干渠轴线垂直,与总干渠中心线交点桩号 SH(3)166+138.774,交点坐标 $X=3\,827\,809.863$,$Y=488\,233.586$。总干渠设计流量 305 m³/s,加大流量 365 m³/s,设计水位 121.649 m,加大水位 122.292 m,口门下游十八里河渠倒虹吸节制闸控制水位 120.386 m;总干渠渠底高程 114.649 m,底宽 21 m,一级马道高程 123.142 m,宽 5 m,总干渠内侧边坡坡度 1:2.5。小河刘分水口门设分水流量 3 m³/s,分水口门闸底高程 115.986 m。分水闸有上游进口段、闸室控制段、洞身段组成。

1. 上游进口段（小 0 - 021.233—小 0 - 005.00）

分水闸进口段在平面上呈八字扩散型，长度 16.233 m，扩散角每侧 150°。进口段分挡土墙段和矩形槽段挡土墙段底板为自总干渠渠底高程 114.649 m 至矩形槽上游端底高程 115.492 m 的斜底板，底板厚 0.3 m。上游前沿底宽 10.599 m，下游底宽 5.115 m，挡土墙最高断面的高度 3.750 m。矩形槽段底板高程为自 115.492 m 至闸底板高程 115.986 m 的斜底板，底板厚 0.8 m。上游前沿底宽 5.115 m，下游底宽同闸室宽度即 1.9 m，矩形槽最高断面的高度 5.856 m。为不减少总干渠的过水断面，挡土墙和矩形槽侧墙均为八字形斜降墙，墙顶均与总干渠内侧堤坡持平。

2. 闸室控制段

分水闸闸室控制段靠上游岸坡堤顶布置，底板长度 7.0 m，底板高程 115.986 m，闸室控制段采用一孔平底板整体布置形式，闸孔宽度 1.90 m。高出总干渠加大水位后闸墩挑出，以便布置检修平台，闸墩顶高程 123.142 m。检修平台平堤顶，堤顶高程 123.142 m，检修平台上设启闭机排架，检修平台至启闭机层高 3.5 m。闸室控制段设一扇工作闸门、一扇检修门。工作门和检修门的门型均为平面钢闸门，工作门启吊设备为液压式启闭机，检修门启吊设备采用卷扬机。闸室的结构形式为矩形槽结构。闸墩墩顶宽 0.7 m，墩底宽 0.9 m，其底板厚度采用 1.0 m。底板下铺 C10 混凝土垫层。为了挡住闸后填土，下游设挡土板，挡土板厚 0.4 m。检修平台至启闭机平台间为钢筋混凝土框架结构，立柱断面尺寸 0.4 m×0.4 m，上设板梁结构支撑顶部启闭机。启闭机工作平台楼面主梁截面尺寸 0.4 m×0.5 m，启闭机工作平台楼面主梁截面尺寸 0.4 m×0.4 m，启闭机梁截面尺寸为 0.25 m×0.4 m，卷扬机梁截面尺寸为 0.3 m×0.4 m，楼板厚 0.15 m。闸室控制段材料：闸室及其上部检修平台立柱、启闭机平台楼板和梁为 C25 钢筋混凝土。

3. 洞身段

分水闸涵洞洞身段为一孔矩形断面，涵洞底板高程 115.986 m，同闸底板，涵洞分为两段，每段长 9 m，后接配套工程供水管道。涵洞的顶板厚 0.5 m，底板厚 0.6 m，两侧壁上部厚度 0.5 m，下部厚度 0.6 m，涵洞材料为 C25 钢筋混凝土。底板下铺 0.1 m 厚 C10 混凝土垫层。为加强连接,防止出现集中渗流,对于总干渠坡脚处的分水口门涵管段设置过渡带。管身侧墙坡比按 1∶0.25 控制,加大侧墙底部断面,在管身上部和两侧设置级配粗砂带,厚度为 0.50 m。为适应不均匀沉陷,进口段挡土墙和底板、挡土墙和矩形槽、矩形槽和闸室段、闸室段和涵管段、两段涵管之间及进口段和闸室段与总干渠护坡之间均设伸缩缝,为防止渗漏,伸缩缝内均设置止水。

1.4.1.4　大马村沟排水倒虹吸

大马村沟排水倒虹吸位于河南省中牟县张庄镇大马村东约 0.2 km 处,控制流域面积 7.3 km^2,交叉断面处总干渠桩号为 SH(3)167 + 390.8,大地坐标为 $X = 3\,828\,920.274$,$Y = 487\,728.482$。交叉断面天然状态下 50 年一遇洪峰流量 32 m^3/s,200 年一遇洪峰流量 47 m^3/s;工程修建后 50 年一遇设计流量 8 m^3/s,200 年一遇校核流量 16 m^3/s。建筑物总长 185.96 m,管身长 107.06 m,孔数 1 孔、单孔尺寸为 2.0 m×2.0 m(宽×高)。

本地区地震基本烈度Ⅶ度。

大马村沟排水倒虹吸工程,由进口段连接段、管身段、出口消能防冲段组成。

1. 进口连接段

进口连接段总长 35.90 m。其中,靠近倒虹吸进口设 10 m 长的水平段,底宽为 5.0 m,底部高程 117.82 m,前端以 1∶5 的坡与沟底连接,沟底高程 121.00 m,采用浆砌石护砌;为便于与两岸连接并改善进流条件,设有半径为 15.00 m 的圆弧翼墙,翼墙采用悬臂式挡土墙,墙顶高程 123.82 m;为减少清淤工作,在倒虹吸管身段前 25.90 m 处布置一拦砂坎,坎顶高程为 121.50 m。

2. 管身段

倒虹吸管身水平投影总长 106.511 m,管身由进口斜管段、水平管段和出口斜管段三部分组成,其中进口斜管段水平投影长 42.744 m,进口斜管段坡度为 1∶6,水平管段长 21.929 m,出口斜管段长 41.839 m,出口斜管段坡度为 1∶6。倒虹吸进口底板高程 117.82 m,水平管段管底高程 110.701 m,出口底板高程 117.67 m。管身在开挖基面上平铺 0.1 m 厚的 C10 素混凝土,涂抹沥青后再浇筑管身。管身由 1 孔 2.0 m×2.0 m 的钢筋混凝土箱涵构成;边墙厚 0.40 m,底板厚度 0.50 m,顶板厚度 0.4 m,倒虹吸管身段混凝土强度等级均采用 C30。倒虹吸管采用分段现浇,相邻两段之间设伸缩沉降缝,缝内设止水,以适应建筑物因温度变化引起的变形和地基不均匀沉陷的影响。伸缩沉降缝缝宽 20 mm,管壁内设两道橡胶止水带,内侧采用 30 mm 厚密封胶,填缝材料采用闭孔泡沫塑料板。

3. 出口消能防冲段

此段主要由出口消力池段、海漫段和防冲槽组成。出口消力池段紧接倒虹吸出口,长 10.0 m,底板高程 117.67 m,两岸为悬臂式挡土墙;海漫段为 20 m 长斜坡段和 6.0 m 长的水平段,斜坡段坡比为 1:5,水平段底板高程 121.50 m,水平段为 M7.5 浆砌石护底,底板厚 0.30 m;为防止海漫底部遭受水流冲刷,在海漫末端设防冲槽,深 2.0 m。

4. 渗控设计

在总干渠渠道两岸一级马道堤顶下方对应部位的倒虹吸斜管段设置混凝土截渗齿墙。管身两侧外壁面齿墙局部段斜坡坡比 $i = 0.3$;在设置截渗墙的管段两侧埋设渗压计进行渗流监测。

1.4.1.5　大关庄沟排水倒虹吸

大关庄沟排水倒虹吸位于河南省中牟县,交叉断面处总干渠桩号为 SH(3)171 + 874.7,交叉点处大地坐标为 $X = 3\,832\,439.372$,$Y = 485\,031.349$。天然情况下 50 年一遇沟道洪峰流量 17 m^3/s,200 年一遇沟道洪峰流量 24 m^3/s;工程交叉处总干渠设计流量 295 m^3/s,加大流量 355 m^3/s。本倒虹吸 50 年一遇设计流量 16.5 m^3/s,200 年一遇校核流量 23.5 m^3/s。建筑物总长 210.5 m,管身长 120 m,孔数 1 孔,孔径为 2.5 m×2.5 m(宽×高)。

大关庄沟排水倒虹吸主要由进口连接段、管身段、出口消能防冲段等部分组成,总长 210.5 m。其中,进口连接段长 41 m,管身段长 120 m,出口消能防冲段长 49.50 m。

1. 进口段

进口连接段总长 41.00 m。其中,靠近倒虹吸进口设 15 m 长的水平段,底宽为 2.5 m,底部高程 117.33 m,前端以 1:4 的坡与沟底连接,沟底高程 122.5 m;为便于与两岸连接设有半径为 16.5 m 的圆弧翼墙,翼墙采用悬臂式挡土墙,墙顶高程 124.13 m;因地层为细砂,为防止建筑物淤积,在进水口三面设置拦砂坎,正面拦砂坎高程 123.50 m,两侧拦砂坎高程 124.0 m。

2. 管身段

倒虹吸管身水平投影总长 120 m,管身由进口斜管段、水平管段和出口斜管段三部分组成,其中进口斜管段水平投影长 51.14 m,进口斜管段坡度为 1:6.5,水平管段长 21.635 m,出口斜管段长 47.225 m,出口斜管段坡度为 1:7.5。倒虹吸进口底板高程 117.33 m,水平管段管底高程 109.478 m,出口底板高程 115.76 m。管身在开挖基面上平铺 0.1 m 厚的 C10 素混凝土,涂抹沥青后再浇筑管身。管身由一孔 2.5 m×2.5 m 的钢筋混凝土箱涵构成,边墙厚 0.4 m,底板厚度 0.5 m,顶板厚度 0.45 m,倒虹吸管身段混凝土强度等级采用 C30。倒虹吸管采用分段现浇,相邻两段之间设伸缩沉降缝,缝内设止水,以适应建筑物因温度变化引起的变形和地基不均匀沉陷的影响。伸缩沉降缝缝宽 20 mm,管壁内设双层橡胶止水带,外侧采用 30 mm 厚密封胶,填缝材料采用闭孔泡沫塑料板。

3. 出口消能防冲段

此段主要由出口消力池段、海漫段组成。出口消力池段紧接倒虹吸出口,长 15.00 m,底板高程 115.76 m,两岸为悬臂式挡土墙;海漫段长 10 m,由 1:4 的坡度连接地面水平段,M7.5 浆砌石护底,底板厚 0.3 m,防止海漫底部遭受冲刷,在海漫末端设防冲槽,深 1.5 m。

1.4.2　工程地质

1.4.2.1　渠基土岩体工程地质条件

起止桩号 SH(3)164+500~SH(3)172+500,段长 8 000 m,跨教场王、大马村和后吕坡—老张村等 3 个工程地质段。

　　桩号 SH(3)164 + 500 ~ SH(3)165 + 080 为黏砂多层结构,以挖方为主,局部为半挖半填,挖方深度一般 9 ~ 10.5 m。渠底板主要位于中壤土中,渠坡主要由细砂、重沙壤土和中壤土构成。重沙壤土、细砂土质不均,具弱—中等透水性,重沙壤土具地震液化潜势,建议采取强夯或换填土处理措施,强夯时地表应清基 0.3 ~ 0.5 m。地下水位高于渠底板,临近渠道设计水位,施工时存在排水问题及细砂、沙壤土在外水压力下渗透破坏问题,运行时存在渗漏和地震液化问题,应取降排水和防渗衬砌措施等。施工中应注意流砂、管涌等不良地质问题。该段地层岩性特征如下:

　　(1)细砂(Q_{24}^{eol}):中密状。

　　(2)重沙壤土(Q_{14}^{al}):多呈可塑状,多具中等压缩性。

　　(3)细砂(Q_3^{al}):中密。

　　(4)中壤土(Q_3^{al}):可塑—软塑状,多具中等压缩性。

　　(5)重粉质壤土(Q_2^{dl+pl}):多呈可塑状,多具中等压缩性。

　　桩号 SH(3)165 + 080 ~ SH(3)168 + 770 为黏性土均一结构,以半挖半填为主,挖方深度一般为 6.0 ~ 9.0 m,最大挖深 13 m 左右。渠底板一般位于重沙壤土(Q_3^{al})中,渠坡主要由重沙壤土、黄土状轻壤土、中壤土构成。重沙壤土(Q_4^{al})厚 2.0 ~ 4.6 m,弱透水,粉砂(Q_4^{eol})和细砂(Q_4^{al})透镜体为中等透水层,上述土层均为中等液化;重沙壤土(Q_3^{al})厚 2.8 ~ 10.0 m,土质不均,夹细砂、轻壤土透镜体。桩号 SH(3)167 + 250 之前沙壤土及其后粉砂(Q_4)为中等液化,作为填土地基的沙壤土厚度较小,建议采取换填土处理措施。砂性土结构较松散,边坡稳定性较差,桩号 SH(3)162 + 998 之后较高边坡建议采用多级边坡。地下水位高于渠底板低于渠道设计水位,施工时存在施工排水问题及沙壤土、细砂透镜体在外水压力下渗透破坏问题,运行时存在侧向渗漏和地震液化问题,应采取降排水和防渗衬砌处理措施。施工中应注意流砂、管涌等不良地质问题。该段地层岩性特征如下:

　　(1)重沙壤土(Q_{14}^{al}):多呈可塑状,具中等压缩性。

　　(2)重粉质壤土(Q_{14}^{al}):多呈软塑状,具中等压缩性。

（3）沙壤土（Q_3^{al}）：多呈可塑状，具中等压缩性。

（4）黄土状轻壤土（Q_3^{al}）：可塑—软塑状，具中等压缩性。

（5）中粉质壤土（Q_2^{dl+pl}）：多呈可塑状，多具中等压缩性。

桩号 SH（3）168＋770～SH（3）172＋500 为砂性土均一结构，以挖方为主，部分为半挖半填，挖方深度 7.0～13.0 m。渠底板多位于细砂和重沙壤土中，局部位于黄土状中壤土顶部，渠坡主要由细砂和重沙壤土构成。细砂（Q_4^{al}）厚 3.0～11.6 m，中等透水，土质不均，存在地震液化潜势，应采取抗液化措施；重沙壤土厚 2.0～9.0 m，弱—中等透水，土质不均，夹细砂、黄土状轻壤土透镜体。边坡岩性不均，以砂土为主，稳定性较差，应注意边坡稳定问题。渠底岩性不均一，强度有差异，存在地基不均匀沉降问题。地下水位多高于渠底，部分在渠底上 2.0～5.0 m，施工时存在排水问题及细砂、沙壤土在外水压力下渗透破坏问题，运行时存在渗漏和地震液化问题，应采取降排水、防渗衬砌及抗液化处理措施等。施工中应注意流砂、管涌等不良地质问题。环境水对混凝土无腐蚀性。渠线穿越砂丘、砂地地貌单元，施工时存在老砂丘、砂地复活及新砂丘、砂地生成问题，运行时存在风砂淤积渠道问题，建议设计部门采取防治措施。该段地层岩性特征如下：

（1）细砂（Q_{24}^{eol}）：松散状。

（2）细砂（Q_{14}^{al}）：稍密状。

（3）黄土状中壤土（Q_4^{al}）：多呈硬塑状；标贯击数 5～19 击，平均 10 击，属硬土。

（4）重沙壤土（Q_3^{al}）：多呈可塑状；压缩系数平均值 0.165 MPa^{-1}，多具中等压缩性。

（5）黄土状轻壤土（Q_3^{al}）：多呈可塑状，多具中等压缩性。

（6）黄土状中壤土（Q_3^{al}）：多呈可塑状；压缩系数平均值 0.167 MPa^{-1}，多具中等压缩性。

（7）重粉质壤土（Q_2^{dl+pl}）：多呈可塑状，多具中等压缩性。

由于地下水具动态变化特征，水位变化受降水影响较大。

1.4.2.2　大河刘沟倒虹吸

该工程位于中牟县张庄镇大河刘村东约 500 m 处，工程区处于黄河冲积平原,地形平坦开阔,路面高程 120.51 ~ 121.60 m。建筑物场区共划分为 5 个工程地质单元,分别为:

(1)细砂(Q_{24}^{eol}),层厚 1.0 ~ 1.7 m,砂质不纯,含少量泥质,夹沙壤土薄层。

(2)沙壤土(Q_{14}^{al}):层厚 2.0 ~ 2.8 m,土质不均,局部夹中壤土透薄层。

(3)重粉质壤土(Q_3^{al}):层厚 0.6 ~ 7.0 m,含少量小钙质结核,夹沙壤土透镜体,厚度变化大。

(4)轻壤土(Q_3^{al}):层厚 10.0 ~ 17.0 m,土质不均。

(5)重壤土(Q_2^{dl+pl}):未揭穿,最大揭露厚度 10.8 m。

场区地下水属第四系孔隙潜水,勘察期间测得地下水位高程 116.41 ~ 117.60 m,埋深 4.0 ~ 4.2 m,位于第(2)层沙壤土及第(3)层重粉质壤土层中。地下水具动态变化特征,且地下水位受降水和地表径流影响变化较大。附近民井地下水化学类型为 HCO_3—Ca 型,对混凝土无腐蚀性。

场区地层为黏、砂双层结构,地层分布相对稳定。倒虹吸水平管段基础位于第(4)层轻壤土顶部,轻壤土透水性较强,且水位较高,存在施工排水及边坡稳定问题。

1.4.2.3　大马村沟排水倒虹吸

大马村沟排水倒虹吸位于郑州市中牟县张庄镇大马村北,工程场区位于冲积平原,有风积砂丘及洼地,砂丘最高处高程 125.0 m,洼地最低处高程 120.5 m,相对高差 4.5 m。建筑物场区共划分为 5 个工程地质单元,分别为:

(1)粉砂(Q_{24}^{eol}):层厚 2.4 ~ 4.2 m,局部夹沙壤土透镜体。

(2)黄土状中壤土(Q_3^{al}):层厚 4.3 ~ 7.1 m,含零星钙质结核,微含有机质。

(3)轻沙壤土(Q_3^{al}):层厚 7.1 ~ 17.7 m,土质不均一,含零星钙质结核。

(4)黄土状中粉质壤土(Q_3^{al}):局部揭露,层厚为 8 m。

(5)中粉质壤土(Q_2^{dl+pl}),未揭穿,最大揭露厚度 12.6 m,局部夹沙壤土。

　　场区地下水类型为第四系孔隙潜水,勘察期间测得地下水位高程 116.62~116.97 m,埋深4.6~5.1 m,位于第(2)层土中,第(3)层为含水层,具弱透水性。场区地下水化学类型为 HCO_3—Ca—Mg 型,对混凝土无腐蚀性。

　　地层为黏、砂多层结构,地层分布较稳定。排水沟倒虹吸水平段基础持力层为第(3)层轻沙壤土,该层土空间分布稳定,厚度较大,承载力标准值 $f_k = 160$ kPa。倒虹吸最大开挖深度约为 11 m,主要存在施工开挖边坡稳定问题、基坑流土或管涌导致坑底或边坡失稳及基坑排水问题和地震液化问题。地下水具动态变化特征。

1.4.2.4　大关庄沟排水倒虹吸

　　该工程位于中牟县贾家村东南约 300 m 处,工程场区位于黄河冲积平原,地表风成砂丘起伏不平,沟谷不发育。建筑物场区共划分为 4 个工程地质单元,分别为:

　　(1)细砂(Q_{14}^{al}):层厚8.6~11.3 m,砂质不均,局部泥质含量高,夹多层轻壤土薄层。

　　(2)黄土状轻壤土(Q_3^{al}):层厚5.8~7.9 m,含零星钙质结核,土质不均一。

　　(3)黄土状中壤土(Q_3^{al}):层厚6.8~7.2 m,土质不均,含较多钙质结核,局部富集,底部为一沙壤土夹层。

　　(4)中粉质壤土(Q_2^{dl+pl}):未揭穿,最大揭露厚度6.7 m。

　　场区地下水类型为第四系孔隙潜水,勘察期间测得地下水位高程 113.40~114.11 m,赋存在黄土状土及细砂层中,含水层具弱—中等透性。地下水具动态变化特征。

　　场区地层结构为黏、砂双层结构,地层分布较稳定。倒虹吸水平段基础位于第(2)层黄土状轻壤土底部,进出口段及斜坡段位于第(1)、(2)层中。场区存在地震液化问题、施工排水问题、边坡稳定问题。基坑最大开挖深度约15 m,边坡稳定性较差,且高度较大。第(1)细砂为可能液化土,液化等级为中等。地下水位高于倒虹吸管水平段底板5 m 左右,存在施工排水问题。

1.4.2.5 小河刘分水闸

该工程位于中牟县张庄镇小河刘村东北约 500 m 处,勘察区属黄淮冲积平原过渡区,地形平坦、开阔,场区地面高程 118.6 ~ 120.1 m。建筑物场区共划分为 5 个工程地质单元,分别为:

(1)轻壤土(Q_{14}^{al}):褐黄色,厚度 2.0 ~ 3.4 m,局部渐变为沙壤土。

(2)粉细砂(Q_{14}^{al}):灰白—褐黄色,厚度 3.8 ~ 5.4 m,局部夹轻壤土透镜体。

(3)轻壤土(Q_{14}^{al}):褐黄色,厚度 1.6 ~ 5.8 m,含少量钙质结核,土质不均。

(4)粉细砂(Q_3^{al}):褐黄色,厚度 1.2 ~ 3.0 m,呈稍密—中密状。

(5)轻壤土(Q_3^{al}):浅棕黄色,含钙结核,土质不均,该层揭露最大厚度 6.8 m(未揭穿)。

场区地下水类型为孔隙潜水,勘探期间水位高程 114.52 ~ 115.09 m,埋深 4.53 ~ 5.06 m。

小河刘分水闸建基面主要位于第(2)层粉细砂层中,边坡开挖深度 4 ~ 6 m,边坡稳定性较差。场区少黏性土和砂性土液化等级为轻微。勘探期间场区地下水位略高于建筑物建基面。第(2)层粉细砂呈稍密—中密状,承载力标准 $f_k = 140$ kPa。

1.4.2.6 水文地质条件及评价

场区分属河谷平原和砂丘、砂地,地形一般起伏较大。地下水开采深度范围内地层主要为第四系松散层,地质结构有黏、砂多层结构,黏性土均一结构和砂性土均一结构等三种,岩性主要为细砂、重沙壤土和中壤土。场区地下水主要为第四系松散层孔隙水,主要赋存于重沙壤土、细砂层中,渗透系数分别为 1.7×10^{-5} ~ 2.1×10^{-4} cm/s、2.6×10^{-4} ~ 5.0×10^{-3} cm/s,属弱—中等透水性,沙壤土富水性较差,细砂层富水性较好。勘察期间地下水位埋深一般为 2.6 ~ 10.6 m,地下水具动态变化特征。地下水主要接受大气降水入渗及侧向径流补给,主要以人工开采及侧向径流排泄。

1.4.3　地基处理技术

根据南水北调中线潮河段的地质结构状况,为确保工程地基稳固,设计单位在沿线分别采用强夯、挤密砂石桩、CFG 桩、水泥土填筑等措施对地基进行加固。

强(重)夯、挤密砂石桩、土挤密桩的目的是处理湿陷性黄土或砂土液化问题。CFG 桩(水泥粉煤灰碎石桩)、水泥土填筑则是为了提高地基承载力。通过加固处理,取得了良好效果。

1.4.3.1　**强夯施工**

1. 施工要求

强夯主要对渠道 142 +755 ~ 143 +790 段及梅河倒虹吸进出口贴坡段湿陷性黄土进行加固处理。单击夯击能有 2 000 kN·m 和 3 000 kN·m 两种。施工时保证强夯点位偏差不大于 5 cm,夯锤保持垂直,其倾斜度不大于30°,严格控制夯锤提升高度和夯实遍数,以保证渠堤基础中沙壤土干密度≥1.65 g/cm^3,砂层相对密度大于 0.7。

锤重及夯击点布置:强夯夯点为三角形布置,间距5.5 m。强夯参数:先用单击夯击能 3 000 kN·m,锤重 20 t,底面直径 2.5 m,落距 15 m;夯击击数及遍数:采取 10 击 3 遍,第一遍夯点按正三角形布置,中距 6.5 m,第二遍夯点在第一遍点之间布置,第三遍满堂布置,最后一遍夯锤落距可降低至 4 ~ 6 m。各遍夯击间隔 3 ~ 4 周。

2. 强夯施工中易出现的问题

施工中易出现的问题:夯击次数不足、落距不够,夯锤落地时不平稳造成错位或坑底倾斜过大等。为此,制定的预防措施如下:

(1)强夯开始时检验夯锤起吊点是否处于重心。

(2)夯击时落锤应保持平稳,夯位正确。若错位或坑底倾斜过大,及时用壤土将坑底整平重新夯击。

(3)严格控制最后两击的平均沉降量。夯击土坑下陷深度用水准仪测量控制,必要时进行整平。

3. 强夯质量控制

(1)测量放样时,用测量仪器按照施工图纸准确放样出主要控制点,用钢卷尺放样布孔,夯击点位偏差小于 5 cm。

　　(2)夯击时夯锤保持垂直,倾斜度不大于 30°。

　　(3)施工过程中按设计要求检查每个夯点的夯击次数和每击的夯沉量。

　　(4)强夯参数及夯后地基的物理力学指标必须符合设计要求。当强夯后达不到设计要求时,应补夯或采取其他补救措施。

　　(5)强夯后,将地基土的物理力学指标检验安排在强夯完工半个月后进行。检验的物理力学指标:干容重、湿陷系数、承载力和压缩模量。按施工图纸或监理人指示进行标贯和探坑检查,检查频度为每 1 000 ~ 2 000 m² 取样一组,各测一孔一坑。

1.4.3.2　挤密砂石桩施工

1. 施工要求

　　挤密砂石桩桩径为 0.6 m,桩间距 2 m,正三角形布置,深入非液化层 0.5 m,采用 DZ75 型振动锤,套管直径为 550 mm 配活瓣桩尖进行施工。施工时桩位水平偏差不大于 0.3 倍套管外径,套管垂直度偏差不大于 1%。

　　砂石桩填充材料含泥量不大于 5%,最大粒径不大于 50 mm,施工前进行成桩挤密试验以确定桩间距、测定桩间土的液化,施工时由外向内施工,均匀分布,逐步加密,及时夯填。

2. 挤密桩施工易出现的问题

　　桩体倾斜、点位偏移、成孔深度不够、孔径不足、出现空桩、断桩、填料质量差等。为此,制定的预防措施如下:

　　(1)每根桩施工前严格控制桩机沉管的竖直度达到规范要求。

　　(2)对测量已放点的位置进行圈点固定保护,不得私自移动。

　　(3)严格按照设计图纸要求控制每根桩的成孔深度,施工前做好相应的标记,配合质检人员及监理人员做好复核检查。

　　(4)严格控制碎石料最大粒径不大于 40 mm、含泥量不大于 5% 的要求。

3. 挤密桩施工质量控制

　　(1)在各施工程序中,其关键是施工中对水、电、料的控制,即下沉挤密过程和投料与提管过程。

（2）振动挤密过程是保证成桩质量的关键,必须通过工艺性试验确定振挤次数、电机的工作电流和留振时间等参数,每次投入砂量及挤密后提升高度是保证成桩质量的前提。为保证质量,本着"少吃多餐"的原则进行加料,每次提升高度以套管桩尖不离开碎石面为宜,以防塌孔、缩径、断桩的发生。

（3）正式施工时,要严格按照试验确定的砂石灌入量、桩管提升高度、速度、振密挤压次数和留振时间、电机的工作电流等施工参数进行施工,以确保碎石挤密桩桩身的均匀性和连续性。

（4）应保证起重设备平稳,导向架与地面垂直,垂直偏角不应大于1.5%,成孔中心与设计桩位偏差不应大于50 mm,将桩径偏差控制在±20 mm以内,桩长偏差不大于100 mm。

（5）碎石灌入量不应少于设计值,当不能顺利下料时,可适量往管内加水,情况严重时可采用气举法。

（6）提升和反插速度必须均匀,反插深度由深到浅。

（7）为尽量减少桩间土的隆起,应采用隔行跳打的方式施工。

（8）振动成桩至地面时应向下复振1 m,确保地表不产生缺碎石的凹桩。

（9）桩管按照设计桩深配焊,并于桩管上附焊长度标记,用以控制桩深及反插幅度。

（10）桩管沉至设计深度后、在投入填料起拔桩管的同时,应敲击桩管确认填料落入孔内后方可继续拔管投料。

（11）桩管拔出地表后,桩顶若堆积填料,必须及时反插桩管将填料压入孔内。

1.4.3.3　水泥粉煤灰碎石桩施工

为解决建筑物基础地震液化问题,在倒虹吸进口渐变段、检修闸、管身斜坡段、节制闸及出口渐变段等部位基础设置直径500 mm的水泥粉煤灰碎石桩(CFG桩)进行处理。

1. 施工技术

水泥粉煤灰碎石桩施工工艺。该工程采用长螺旋钻管内泵压混合料灌注的施工方法施工,其施工工艺流程为:原地面处理→测量放线→长螺旋钻机就位→钻进至设计深度→停钻→泵送混合料→均匀拔钻至桩顶→封顶→机具移位。

2.施工方法

水泥粉煤灰碎石桩由水泥、粉煤灰、碎石、砂、外加剂加水拌和形成的混合料灌注而成,水泥粉煤灰碎石桩采用长螺旋钻孔、管内泵压混合料成桩工艺,桩体强度不小于 10 N/mm^2。施工顺序采用隔桩跳打。

(1)钻机就位后,用钻机塔身的前后和左右的垂直标杆检查塔身导杆,校正位置,使钻杆垂直对准桩位中心,确保 CFG 桩垂直度容许偏差不大于1%。

(2)混合料搅拌要求按配合比进行配料,拌和时间不得少于 1 min。控制好混合料的加水量和坍落度。在泵送前混凝土泵料斗应备好熟料。

(3)钻进成孔。钻孔开始时,关闭钻头阀门,向下移动钻杆至钻头触及地面时启动马达钻进。一般应先慢后快,这样实施既能减少钻杆摇晃,又容易检查钻孔的偏差,以便及时纠正。在成孔过程中,如发现钻杆摇晃或难钻时应放慢进尺,否则易导致桩孔偏斜、位移,甚至使钻杆、钻具损坏。当钻头到达设计桩长预定标高时,在动力头底面停留位置相应的钻机塔身处做醒目标记,将其作为施工时控制孔深的依据。待动力头底面达到标记处的桩长即满足设计要求。施工时还需考虑施工工作面的标高差异并做相应的增减。

(4)灌注及拔管。CFG 桩成孔到设计标高后,停止钻进,开始泵送混合料,当钻杆心充满混合料后开始拔管,严禁先提管后泵料。成桩的提拔速度宜控制在 2 ~ 3 m/min,成桩过程宜连续进行,应避免因后台供料慢而导致停机待料。灌注成桩完成后,桩顶采用湿黏土封顶进行保护。施工中每根桩的投料量不得少于设计灌注量。

(5)移机。当上一根桩施工完毕、钻机移位时,进行下一根桩的施工。根据轴线或周围桩的位置对需施工的桩位进行复核,保证桩位准确。

3.CFG 桩施工中应注意的事项

长螺旋钻孔、管内泵压混合料成桩施工在钻至设计深度后,应准确掌握提拔钻杆的时间,混合料泵送量应与提拔管速度相配合,遇到饱和砂土或饱和粉土层时不能停泵待料。

施工桩顶标高宜高出设计标高不少于 0.5 m。桩顶设 50 cm 保护桩长,桩基加固完成 7 d 后开挖至设计标高,截去保护桩长后铺设褥垫层。褥垫层铺设时先铺设 30 cm 厚碎石,褥垫层两侧端以片石护砌。

施工垂直度偏差不应大于 1%;桩位偏差不应大于 0.4 倍桩径。

清土和截桩时,不得造成桩顶标高以下桩身断裂和扰动桩间土。

褥垫层铺设宜采用静力压实法。当基础底面桩间土的含水量较小时,也可采用动力夯实法,夯填度(夯填后的褥垫层厚度与虚铺厚度的比值)不能大于 0.9。

1.4.3.4　水泥土回填

在黄水河、梅河倒虹吸等河道建筑物基础部位设计了水泥土回填。回填水泥土所用的水泥为 42.5# 普通硅酸盐水泥,将水泥和土拌和均匀,掺量质量比符合设计要求,压实度不小于 98%,所掺土料为中、重粉质壤土,有机质含量不大于 5%,水溶盐含量不大于 3%,将混合料含水量控制在土料最优含水量的 −2% ~ +3% 偏差范围内。

1. 施工过程

挖除预留的 20 ~ 30 cm 厚保护土层,清除杂质土至设计高程后进行联合验收,检查开挖后的基槽底部高程是否满足设计要求。保证开挖边坡的稳定性,如坡度设计、打桩设置挡板临时支护等措施。

拌制水泥土:根据设计要求,按土质量的百分比掺入 42.5# 普通硅酸盐水泥(土为黏性土或粉质黏土,土重按 1.5 t/m³ 计算),拌制机械采用 1 m³ 挖掘机或人工拌制,拌和不少于 3 遍,要拌和均匀,颜色达到一致。大颗粒土人工辅助粉碎,保证最大颗粒土粒径小于 5 cm,水泥土随拌随用。

水泥土运输:利用挖掘机开挖,放入施工场内,人工配合双胶轮车运输,人工摊铺回填。

水泥土夯实:采用人工及机械两种方法相互配合进行夯实。第一层土因含水量呈饱和状,采用人工轻夯,避免扰动下层地基。虚铺土层厚度为 20 cm,第一层土体固结后,加强覆盖撒水保温养护 1 d。第二层仍为人工轻夯,虚铺土层厚度为 20 cm,加强覆盖撒水保温养护 1 d。第三层重夯采用蛙式打夯机夯实,分层厚度为 30 cm;夯实遍数应通过现场试验确定,一般不少于 6 ~ 8 遍,同时严格控制夯击遍数,避免过夯使已压实的土体被破坏。

2. 水泥土质量控制

施工中严格控制土的含水量,其以 14% ~ 18% 为宜,对局部出现的弹簧土应及时清除。

回填应分段依次施工,按一定的顺序保持均衡上升。应将层段间的回填土接缝处削成坡状或齿坎状,坡度不陡于 1:3,并对接缝处加强夯实,保证混合土的压实度。

施工温度较低时应采取保护措施,加强覆盖保温,防止霜冻破坏土体结构;同时,对已填筑完成的水泥土应洒水覆盖保温养护。

填筑过程中,测量工作应同步进行,随时检查控制填土面高程及填土厚度;对水泥土层与层之间结合部的处理要符合规范规定,土面过光时要采取人工刨毛处理,保证层间结合牢固。

水泥土压实指标:压实度≥98%。每层土填筑完成后进行土工试验,检测土的干密度,计算土的压实度,待其符合设计要求并经监理工程师签字确认后进行上层土的回填。

回填土应超出加固区以外每侧不少于 50 cm。对边角处机械无法夯实到位的地方应采用人工夯实密实。回填土结束后其顶面应高于设计高程 10 ~ 20 cm,采用人工带线整平至设计高程。

1.4.4　挤密砂石桩法消除地震液化

潮河段六个施工标段在成桩试验的过程中,发现利用振动沉管桩机直接成孔有不同程度的困难,主要是因为地层中有相对密实夹层,振动沉管难以直接穿透该层。针对挤密桩直接成孔困难的情况,各个标段分别采取了不同的工艺进行试验,主要有以下四种。

1.4.4.1　工艺介绍

1. 用柴油锤直接成桩

用柴油锤锤击直接成 ϕ600 mm 的孔填料挤密成桩,对部分地段能够打进去且成孔快、能耗低,但也有打不下去的情况(重沙壤土层较厚时),且填料过程中缺少振动挤密作用,桩体密实度较差;此外,柴油锤直接加力将灌注桩管打入土中,填料时拔管困难,遇到较硬地层仍有打不进去的情况,还易造成桩管或桩尖弯曲、变形和起吊滑轮损坏等,导致设备工效降低。

2. 先用柴油锤引孔再用振动沉管振动成桩

先用柴油锤引 $\phi 400$ mm 的孔穿透相对密实层(标贯击数 12 击以上),再用振动沉管机扩孔、填料、振动挤密成桩。该工艺除具有柴油锤直接成桩的大部分优缺点外,还能够通过振动沉管增加振动挤密的作用效果,成桩质量较好,能够达到消除地震液化的目的,方法基本可行。但仍受上条中柴油锤性能的制约,工效较低,难以适应大面积基础处理施工。

3. 先用螺旋钻引孔再用振动沉管振动成桩

先用螺旋钻引 $\phi 400$ mm 的孔穿透相对密实夹层(标贯击数在 12 击以上),再用振动沉管桩机扩孔并沉管到处理深度,然后填料、反插、振动和挤密成桩。该工艺成桩质量较好,具有操作简单、安全方便、效率高、适用面广的特点。但因增加了引孔工序和填料量会相应增加施工成本。

4. 用柴油锤改装振动沉管机直接振动成桩

采用在 DZ 系列振动沉管桩机上加装 3~5 t 柴油锤,改装成复合锤,直接进行成孔成桩。该法很简便、快捷,且振动挤密效果良好,成桩质量较好;但同样会受柴油锤性能的制约(仍有打不进去的情况);而且,该设备是在原振动沉管机上加装了 3~5 t 重的柴油锤,超出了桩架原设计承载力,在施工中尤其在移位过程中安全隐患较大。工艺试验结束后,邀请相关专家对试验结果进行了咨询研讨,进一步明确了:先用螺旋钻引孔再用振动沉管振动成桩,方法可行,能指导下一步大面积施工。

1.4.4.2　工艺流程及方法

场地平整→测量放样→螺旋钻机就位→引 $\phi 400$ mm 的孔→螺旋钻机移位→清理余土→沉管桩机就位→扩孔沉管至设计深度→填料→

留振、拔管、反插、振密→直至成桩→移至另一桩位。

1. 测量放样

场地清理后,采用全站仪放出施工区的边线,在施工区域内,根据最终确定的桩间距,标出每根桩的中心位置,记下相应的地面高程,撒白灰做好标识;并对各桩进行编号、记录,标注出桩顶及桩底高程,并画出布桩点位图。

2. 引孔

螺旋钻机就位,调整钻机塔架使钻杆与地面基本垂直并保证钻杆垂直度偏差不大于1.0%,启动螺旋钻机孔并穿透重沙壤土层;引孔结束,移位。

3. 振动沉管桩机就位

调整桩机塔架,使桩头活页尖垂直对准桩位(或孔位)中心位置,桩位偏差应小于0.3倍的套管外径,桩管垂直度偏差不大于1.0%。在桩管上应先做好深度标记,利用深度标记进行成孔深度、反插深度的控制;校正桩管长度及投料口位置,使之符合设计桩长。

4. 扩孔沉管

启动振动沉管桩机,振动下沉至设计深度,成孔结束。

5. 填料

桩管下至设计深度后,稍微提升桩管使桩尖打开,停止振动,立即向管内灌碎石料直至灌满桩管(根据桩长要求);然后开始拔管及反插,当管内碎石量下沉到一定深度(保证管内碎石料面不低于地表),再停止振动,进行二次灌料。桩内填料量充盈系数一般按1.2~1.4进行控制。

6. 拔管及反插

桩身的连续性和密实度是靠控制拔管速度、反插次数和留振时间来实现的。拔管前应先留振不少于50 s,再边振动边拔管,平均每提升1.0 m导管反插不小于30 cm,留振10~20 s,如此反复直至全管拔出,平均拔管速度应控制在1~1.5 m/min。

7. 成桩

重复以上步骤,直至桩孔内填满碎石,拔出套管,桩架移位,完成单根桩的施工作业。

1.4.4.3　质量控制与检测

（1）施工过程中,应重点加强对桩径(孔径)、桩长、桩间距、桩管垂直度、拔管速度、留振时间、反插次数、反插电流及填料充盈系数等控制,及时准确填写施工记录。只有从这些方面重点加强施工过程控制,才能保证最终的地基处理效果达到设计要求。

（2）检测方法。

施工后应间隔一定时间再进行质量检验,一般对粉土和砂性土地基施工结束后间隔 7 d,对饱和黏性土地基应间隔 28 d。对桩间土可采用标准贯入、静力触探、动力触探或相对密度等原位测试方法。本工程以采用标准贯入试验检测为主,采用静力触探检测作为校核。检测桩间土的位置在等边三角形中心,检测点数不少于桩孔总数的 2%,检测深度为设计处理深度加上 1.0 m,检测点随机布置并做到大致均匀分布。

（3）检验标准。

处理深度范围内的土层,处理后的标准贯入击数实测值(修正后)不低于地震液化的临界标贯击数。试验中,要经过现场标贯试验、室内颗分试验和分析判别等三大步骤,其中任何环节有问题都将影响最终液化判别结果。

（4）检测效果。

根据已完成的试验区和施工区检测的 52 个孔位共 582 个点的标贯击数实测值和液化判别成果可知,地基处理后易液化的重沙壤土层标贯击数值较原状土有较大幅度的提高,平均提高 2～4 倍,表明挤密砂石桩对中密状砂质粉土加固效果较好,能够明显消除其液化潜势;而且 1.8 m 桩距的处理效果明显优于 2.0 m 桩间距的地基处理效果,前者处理后基本消除了地震液化的问题。

1.4.5　隧洞线方案比选研究

1.4.5.1　隧洞沿线地形条件及土体结构类型

潮河隧洞线穿过地貌单元主要为岗地,岗地走向近南北。隧洞线附近地面高程 136～175 m,地面起伏较大,冲沟发育,河谷深切,主要有黄水河深切河谷地貌,河底高程最低约 128 m,与岗顶最大高差达

47.5 m。隧洞进出口两端位于岗地下部,逐渐过渡为岗前倾斜平原。

按地表至隧洞底板以下 10 m 范围内土、岩体结构类型,分为两种类型。第一种为土、岩双层结构段:上覆黄土状土、壤土,厚度 1.5 ~ 33 m,其中 Q_3^{al+pl}、Q_2^{al+pl} 重粉质壤土厚度、层底高程变化较大;下伏上第三系洛阳组黏土岩、粉砂岩,夹少量砂砾岩透镜体,主要分布在桩号 0 + 700 ~ 18 + 430。第二种为土体黏、砂多层结构段:岩性由黄土状轻粉质壤土(轻壤土)、粉砂、中砂质壤土、重粉质壤土组成,主要分布在岗前倾斜平原,桩号 18 + 430 ~ 21 + 838。

1.4.5.2　地质构造及工程地质分段

工程场区未发现新构造断裂,地震活动强度小,频度低,地震动峰值加速度 0.10g,相应地震基本烈度Ⅶ度。

潮河隧洞线根据土、岩体的结构类型、洞底以上的岩性及厚度、工程地质条件及地下水等因素,分为 5 个工程地质段:进口明渠段(0 + 000 ~ 2 + 570),长 2.57 km;第一隧洞段(2 + 570 ~ 4 + 900),长 2.33 km;黄水河河谷暗渠段(4 + 900 ~ 5 + 400),长 0.5 km;第二隧洞段(5 + 400 ~ 18 + 430),长 13.03 km;出口明渠段(18 + 430 ~ 21 + 838),长 3.51 km。

各岩土体物理力学性能指标见表 1-5 ~ 表 1-7。

表 1-5　土体物理性指标

工程地质段	土体单元	天然含水量 $W(\%)$	天然干密度 ρ_d (g/cm^3)	相对密度 G_s	天然孔隙比 e	液限 W_1 (%)	塑限 W_p (%)	塑性指标 I_p (%)	液性指标 I_L (%)
①进口明渠段	黄土状轻粉质壤土 (Q_3^{al+pl})	11.8	1.48	2.70	0.805	26.5	15.3	11.2	0.30
	黄土状中粉质壤土 (Q_3^{al+pl})	13.0	1.50	2.70	0.780	25.0	15.0	10.0	0.20
②第一隧洞段	黄土状轻粉质壤土 (Q_3^{al+pl})	18.3	1.50	2.70	0.790	23.8	15.6	8.2	0.30

续表 1-5

工程地质段	土体单元	天然含水量 $W(\%)$	天然干密度 ρ_d (g/cm^3)	相对密度 G_s	天然孔隙比 e	液限 W_1 ($\%$)	塑限 W_p ($\%$)	塑性指标 I_p ($\%$)	液性指标 I_L ($\%$)
③黄水河河谷暗渠段	重粉质壤土 (Q_4^{al})	20.4	1.42	2.70	0.875	31.0	15.2	15.8	0.33
④第二隧洞段	重粉质壤土 (Q_4^{al})	19.7	1.42	2.70	0.875	27.4	14.8	12.6	0.26
	黄土状轻粉质壤土 (Q_3^{al+pl})	15.4	1.51	2.69	0.757	24.8	14.1	10.7	0.50
	重粉质壤土 (Q_3^{al})	21.1	1.54	2.70	0.758	30.3	17.2	13.2	0.33
	重粉质壤土 (Q_2^{al})	21.3	1.60	2.70	0.650	35.5	19.2	15.5	0.17
⑤出口明渠段	黄土状轻粉质壤土 (Q_3^{al+pl})	14.4	1.48	2.68	0.805	22.7	12.6	10.1	0.30
	重粉质壤土 (Q_3^{al})	20.4	1.53	2.70	0.765	31.6	16.0	15.6	0.30

表 1-6　土体力学性指标

工程地质段	土体单元	力学性质						
		压缩系数 a_{1-3} (MPa^{-1})	压缩模量 E_s (MPa)	凝聚力 G_s (kPa)	内摩擦角 φ(°)	渗透系数 k (cm/s)	承载力标准值 f_k(kPa)	坚固系数 f
①进口明渠段	黄土状轻粉质壤土 (Q_3^{al+pl})	0.24	7.5	13	22	1.6×10^{-4}	120~140	
	黄土状中粉质壤土 (Q_3^{al+pl})	0.25	7.2	16	20	1.6×10^{-5}	130~140	
②第一隧洞段	黄土状轻粉质壤土 (Q_3^{al+pl})	0.20	8.6	10	22	1.5×10^{-4}	120~140	0.1~0.3
③黄水河河谷暗渠段	重粉质壤土 (Q_4^{al})	0.30	6.2	20	13.0	2.1×10^{-6}	100~120	
	中砂 (Q_4^{al})						130	
	重粉质壤土 (Q_4^{al})	0.28	6.5	20	13.0	2.1×10^{-6}	100~120	
④第二隧洞段	黄土状轻粉质壤土 (Q_3^{al+pl})	0.20	8.6	10	22	7.3×10^{-5}	120~140	0.1~0.3
	重粉质壤土 (Q_4^{al})	0.18	8.9	22.0	19	2.4×10^{-6}	160	0.8~1.0
	重粉质壤土 (Q_4^{al})	0.165	10.5	25	18	2.4×10^{-6}	160~180	0.8~1.0
	黄土状轻壤土 (Q_3^{al+pl})	0.24	7.5	12	22	2.2×10^{-5}	120	

续表 1-6

工程地质段	土体单元	力学性质						
		压缩系数 a_{1-3}（MPa^{-1}）	压缩模量 E_s（MPa）	凝聚力 G_s（kPa）	内摩擦角 φ（°）	渗透系数 k（cm/s）	承载力标准值 f_k（kPa）	坚固系数 f
⑤出口明渠段	细沙（Q$_3^{al+pl}$）					8.9×10^{-3}	140	
	重粉质壤土（Q$_4^{al}$）	0.18	8.8	23.0	18	2.4×10^{-6}	160	

表 1-7　各岩体物理力学性指标

岩性	天然含水量 w（%）	天然干密度 ρ_d（g/cm^3）	抗压强度 R（MPa）	饱和快剪		承载力标准值 f_k（kPa）	坚固系数 f
				C（kPa）	φ（°）		
黏土岩（N$_{1L}$）	19.1	1.70	0.15	15	18	300	1.0~1.5
粉砂岩（N$_{1L}$）	19.6	1.75			27~32	300	0.5~0.8
砂砾岩（N$_{1L}$）	12	1.75	0.70			350	0.5~0.8

1.4.5.3　水文地质

勘探深度内揭露有潜水含水层和承压水含水层。

潜水含水层岩性为第四系中砂、细沙、粉砂、黄土状轻粉质壤土,属于孔隙潜水含水层。上部上第三系粉砂岩(未胶结)亦为孔隙潜水含水层。上述多种岩性组成孔隙潜水含水层组。

承压水含水层岩性主要为上第三系未胶结的粉砂层,其次是砂砾岩。主要分布于桩号 5 + 400 ~ 18 + 780,其隔水顶板、隔水底板均为上第三系黏土岩,承压水位高程 130.5 ~ 153.9 m,水头高 9.5 ~ 39.0 m。承压水顶板埋深 29.5 ~ 52.5 m(高程 114.8 ~ 125.4 m),位于隧洞底板以上及附近,见表1-8。

表 1-8 土、岩体渗透试验成果统计

土体单元	试验方法	统计组数	渗透系数 k(cm/s)或透水率 q_u(Lu)		透水性等级
			范围值	平均值	
Q_3^{al+pl}细(粉)砂	抽水试验	3	$1.12 \times 10^{-3} \sim$ 8.33×10^{-3}	5.61×10^{-3}	中等透水
Q_3^{al+pl}黄土状轻粉质壤土	室内渗透	11	$1.20 \times 10^{-8} \sim$ 1.6×10^{-4}		弱—中等透水
Q_3^{al+pl}重粉质壤土	室内渗透	8	$3.6 \times 10^{-8} \sim$ 4.8×10^{-6}	1.61×10^{-6}	微透水
Q_2^{al+pl}重粉质壤土	室内渗透	5	$6.1 \times 10^{-9} \sim$ 5.7×10^{-8}	3.41×10^{-8}	极微透水
N_{1L}粉砂岩、砂砾岩(未胶结))	抽水试验	3	$1.76 \times 10^{-3} \sim$ 4.39×10^{-3}		中等透水
N_{1L}黏土岩	压水试验	7	2.0 ~ 5.0 Lu	3.8 Lu	弱透水

由于黏土岩厚度差别较大,局部黏土岩较薄且含沙量大,隔水效果差,故潜水和承压水有一定的水力联系。潜水、承压水对混凝土无腐

蚀性。

1.4.5.4 工程范围

潮河段总体地势较高,隧洞进口处渠底高程 16.344 m,出口处渠底高程 114.012 m。隧洞段地面高程大部分为 160~175 m,进口处地面高程为 115~136 m,出口处地面高程为 140~126 m。根据总干渠总体布置以及连接点处渠道控制水位要求,结合地形特征等条件,潮河隧洞线工程采用线路最短的布置原则,即在南北两连接点处与原有总干渠光滑连接,然后隧洞以直线方式布置。

比选段起点位于黄水河右岸的梨园村,起点坐标 $X = 3\,812\,000.507$,$Y = 38\,471\,551.413$,设计桩号 SH133 + 194.8;终点位于毕河村西,终点坐标 $X = 3\,833\,211.782$,$Y = 38\,476\,036.014$,设计桩号 SH181 + 023.7;与干渠前后衔接断面:起点断面为渠道底板高程 116.344 m,渠道底宽 25 m,纵坡 1/28 000,渠道边坡 1:2.0;终点断面为渠道底板高程 114.012 m,渠道底宽 19 m,纵坡 1/26 000,渠道边坡 1:3.0。

1.4.5.5 控制点水位及设计水头

该段线路的连接点位置及设计条件,比较段内总设计水头 2.332 m,设计流量和衔接水位见表 1-9。

表 1-9 潮河比较段设计流量和衔接水位

项目	流量(m³/s)	水位(m)		
		起点	终点	水位差
设计流量	305.295	123.344	121.012	2.332
加大流量	365.355	123.976	121.690	2.286

该项工程等别为 I 等,潮河隧洞段为 1 级建筑物,临时工程为 4 级建筑物。

1.4.5.6 方案比较

1. 有压隧洞方案与无压隧洞方案

对潮河隧洞方案研究了深埋于基岩中的有压隧洞方案和覆盖层较浅的无压隧洞方案。

1)有压隧洞方案

有压隧洞方案即在隧洞给定水头情况下,通过加大流量时确定隧洞过流断面。

隧洞洞线岩层涉及黏土岩、粉砂岩、重粉质壤土、黄土状轻粉质壤土等岩层,隧洞水平段位于粉砂岩中,岩层胶结情况较差。进出口采用斜坡连接方式,隧洞各段布置如下:

以总干渠桩号Ⅱ133+194.6处为潮河洞0+000桩号,0+000～1+990段为总干渠段,1+990～2+070段为扭曲面段,渠底高程由116.344 m降至108.50 m,2+070～2+125段为闸室控制段,闸室底板高程为108.50 m,2+125～2+155段为隧洞进口渐变段(方变圆),洞底高程由108.5 m降至106.0 m,2+155～20+684.71段为压力管段,管底高程由2+155处106.0 m按1/9 100降至20+654.71处的103.89 m,20+654.71～20+684.71处底部高程为108.89 m,20+684.71～20+714.71段为隧洞出口渐变段,底部高程为108.89 m,20+714.71～20+769.51段为闸室控制段,底部高程由108.89 m升至114.02 m与下游渠底相连。洞身位于上第三系黏土岩、粉砂岩中,黏土岩为极软岩或呈坚硬土状,饱和单轴抗压强度$R_b < 1$ MPa;粉砂岩、砂砾岩一般成岩差,呈散粒状,中密—密实,部分为泥质微胶结,手捻即碎。局部为钙质胶结,成岩较好,为此软岩。粉砂岩、砂砾岩多为散体结构,黏土岩强度低,具弱膨胀潜势,地下水位高于洞顶。围岩工程地质分类为Ⅴ类,极不稳定,围岩不能自稳,变形破坏严重。地下水位高于隧洞洞顶,存在内水压力,对隧洞施工和衬砌都有影响。

据布置,隧洞直径12.0 m,单层衬砌厚度800 mm,由于埋藏深,内压水头达50 m,围岩弹性抗力差,衬砌厚度较大。该方案优点是地震影响轻微,但因隧洞埋置较深,进、出口及洞身工程量大,而且岩层比较破碎,隧洞施工中需考虑施工支护和防水问题。

2)无压隧洞方案

无压隧洞方案,在南北端连接段之间根据隧洞设计水头和隧洞长度,确定隧洞坡降,通过设计流量确定隧洞断面。

隧洞洞身主要位于上第三系黏土岩、粉砂岩中,与有压隧洞穿越岩层基本相同。隧洞进出口建筑物及布置方式同有压隧洞。

2.有压隧洞方案与无压隧洞方案比较

在第三系黏土层、粉砂层中进行大断面隧洞开挖,无论是有压洞还是无压洞,均存在围岩破碎、整体性差、成洞难度大的特点,由于二者设计条件不同(压力洞按加大流量计算结构尺寸,无压洞按设计流量计算结构尺寸),通过相同的流量洞子断面尺寸略有差别。二者相比,压力洞存在如下不利因素:

第一,压力洞由于埋深大于无压洞,同时承受较大的内水压力和外水压力,压力洞结构上应满足防止内水外渗和外水内渗的要求,应按抗裂设计,同等过流条件下衬砌厚度较无压洞大。

第二,从地质上看,在现有勘探深度内,压力洞没有适宜的地层条件,隧洞的水平段部分位于粉砂岩地层,围岩成洞条件差。

第三,从运行管理上看,压力洞检修时抽排水量大,费用高,不如无压洞简便。

第四,引水隧洞当上游水位变化不大引用流量比较稳定时,采用无压隧洞。南水北调当属此种情况;另外,规范中要求土洞宜采取无压隧洞方案,潮河段基本为土洞,因此应采用无压隧洞。综合考虑以上因素,潮河段隧洞线选用无压洞方案。

3.无压圆形隧洞和无压马蹄形隧洞方案比较

确定采用无压隧洞方案后,对于矿山法隧洞,对方案的几种可行洞形进行了比较研究,根据潮河线地形、地质条件,研究了圆形断面、马蹄形断面、城门洞形断面3个方案。

方案一,圆形断面:在进口节制闸后布置方变圆洞段,与圆形断面衔接,进出口连接建筑物布置相对简单,由于圆形断面水深大于干渠水深,在进出口扭面设斜坡段,使水面平顺衔接。

方案二,马蹄形断面:进出口布置同圆形断面,将方变圆改为矩形闸室断面到马蹄形断面过渡。

方案三,城门洞形断面:进出口连接同圆形断面,闸室后直接与洞子连接,不须设置过渡段。

上述3个方案中,技术上均属可行,而从地质条件判断,在黏土岩、砂岩甚至部分粉质壤土质中成洞,根据一般工程经验,圆形断面显然受力条件较好,而马蹄形断面次之,城门洞形断面最差。因此,城门洞形断面方案比较中不再考虑。

圆形断面与马蹄形断面相比,同样过流条件下,马蹄形断面结构尺寸($R = 11.7$ m)较圆形断面($R = 12.0$ m)稍小一点,根据常规施工经验,按常规矿山法施工时圆形断面成形条件不如马蹄形断面;考虑盾构施工方案时,根据目前施工工艺水平,一般采用圆形断面。因此,在潮河线现有地质条件下,上述两种断面形式施工工艺上各有千秋,不易通过简单比较选定其一,应深入进行两种方案的施工工艺研究、结构分析,通过技术经济比较选定。

4.2 洞方案与 3 洞方案比较

在给定水头下通过设计流量,单洞方案经计算过流断面为 15.5 m,开挖洞径为 17.5 m 以上,考虑到潮河线地质条件差,成洞难度大的特点,开挖如此大断面洞室在技术上难度较大,国内目前尚无成功先例。另外,单洞方案运行管理上没有多洞方案灵活,考虑到南水北调干渠的重要性和运行管理要求,方案比选中不再考虑单洞方案。

对潮河隧洞线研究了 2 洞方案与 3 洞方案,经对盾构方案比较分析,无论是 2 洞方案还是 3 洞方案,均能满足总干渠的运用要求,均是技术可靠、施工可行的方案。在主要工程量上,2 洞方案可节省土石方洞挖约 17 万 m³,节省管片预制混凝土 6.6 万 m³,内衬混凝土约 19.4 万 m³,节省投资(直接费)约 10 686.2 万元。3 洞方案隧洞规模虽然相对较小,施工技术难度有所降低,但在进出口有限空间内布置 3 条洞子,施工干扰极大,在技术水平相差不大的情况下,3 条洞子投入的施工设备、支护及衬砌工程量较 2 洞投资大得多。

从以上比较可以看出,2 条隧洞方案具有较大优势,因此选用 2 条隧洞作为代表方案。

1.5　地质对工程基坑降排水影响分析

综上可知,南水北调中线大部分工程存在地下水位过高、含水量大的问题,均存在基坑降排水问题。土质地基允许渗流比降甚小,斜坡允许渗流比降更小,极易发生管涌流土、坡面冲蚀产生渗流破坏问题,直接导致边坡破坏失稳,存在渗流稳定问题。因此,需要进行相应的降排水设计及优化。

第 2 章　　渗流仿真与反演计算原理

2.1　渗流场有限元方程及定解条件

三维稳定达西渗流场的渗流支配方程为

$$-\frac{\partial}{\partial x_1}(k_{ij}\frac{\partial h}{\partial x_j}) + Q = 0 \tag{2-1}$$

式中：x_i 为坐标，$i = 1,2,3$；k_{ij} 为二阶对称的达西渗透系数张量，描述岩体的渗透各向异性；$h = x_3 + p/\gamma$ 为总水头，x_3 为位置水头，p/γ 为压力水头；Q 为渗流域中的源或汇项。

计算边界如图 2-1 所示，其边界条件理论如下：

$$h \mid_{\Gamma_1} = h_1 \tag{2-2}$$

$$-k_{ij}\frac{\partial h}{\partial x_j}n_i \mid_{\Gamma_2} = q_n \tag{2-3}$$

$$-k_{ij}\frac{\partial h}{\partial x_j}n_i \mid_{\Gamma_3} = 0 \quad 且 \quad h = x_3 \tag{2-4}$$

$$-k_{ij}\frac{\partial h}{\partial x_j}n_i \mid_{\Gamma_4} \geqslant 0 \quad 且 \quad h = x_3 \tag{2-5}$$

式中：h_1 为已知水头函数；n_1 为渗流边界面外法线向余弦，$i = 1,2,3$；Γ_1 为已知水头的第一类渗流边界条件；Γ_2 为已知渗流量的第二类渗流边界条件；Γ_3 为位于渗流域中渗流实区和虚区之间的渗流自由面；Γ_4 为渗流逸出面；q_n 为边界面法向流量，流出为正。

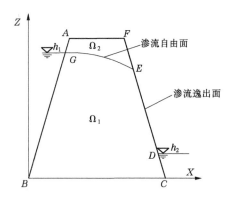

图2-1 渗流计算所用边界示意图

2.2 有自由面渗流问题固定网格
求解的结点虚流量法

2.2.1 固定网格结点虚流量法

对于有压渗流场问题,程序计算时没有自由面检索和甄别的问题,无须迭代求解。而对于有渗流自由面的无压渗流问题的求解,由于事先不知道浸润线(自由面)及渗流逸出点(线)的确切位置或逸出面的确切大小,使得用数值计算的方法求解这个问题时颇显复杂。

在通常情况下,按常规算法在求解问题时得事先假定问题的计算域(渗流域)的大小,再进行单元网格剖分后计算,然后根据中间解的情况,判断事先假定的计算域大小的合理性,并进行计算域的修正和重新计算;如此反复进行,达到工程要求的精度为止。针对这一问题,提出了固定网格求解的结点虚流量法,可以方便有效地解决这一问题。其中,定义位于自由面以下的区域 Ω_1 为渗流实域,自由面以上的区域 Ω_2 为渗流虚域,相应地,位于 Ω_1 和 Ω_2 中的单元和结点分别称为实单元与虚单元以及实结点与虚结点;固定网格求解时,定义中间被自由面穿过的单元为过渡单元,由所有过渡单元构成的计算域为过渡域。

为了求解上述式(2-1)～式(2-5)渗流问题,若事先知道实域 Ω_1 的大小,根据变分原理,式(2-6)和式(2-7)分别为上述问题的求解泛函和有限单元法代数方程组(取 $Q=0$),式(2-7)的解 $\{h\}$ 即为渗流场的水头解,无须迭代求解。

$$\Pi(h) = \frac{1}{2}\int_{\Omega_1} k_{ij}\frac{\partial h}{\partial x_i}\frac{\partial h}{\partial x_j}\mathrm{d}\Omega \qquad (2\text{-}6)$$

$$[K_1]\{h_1\} = \{Q_1\} \qquad (2\text{-}7)$$

式中: $\Pi(h)$ 为泛函; Ω_1 为渗流实域; $[K_1]$、$\{h_1\}$ 和 $\{Q_1\}$ 分别为渗流实域的传导矩阵、结点水头列阵和结点等效流量列阵。

在实际工程的渗流场中,自由面的位置、逸出面的大小及实际渗流域的大小事先均是不知道的,实域 Ω_1 的大小事先无法知道,是一个典型的边界非线性问题,需通过式(2-8)的迭代计算才能求得渗流场的真解。

$$[K_1]\{h\} = \{Q\} - \{Q_2\} + \{\Delta Q\} \qquad (2\text{-}8)$$

式中: $[K]$、$\{h\}$ 和 $\{Q\}$ 分别为计算域 $\Omega=\Omega_1\cup\Omega_2$ 的总传导矩阵,结点水头列阵和结点等效流量列阵; $\{Q_2\}$ 为渗流虚域的结点等效流量列阵; $\{Q\}=[K_2]\{h\}$,为渗流虚域中虚单元和过渡单元所贡献的结点虚流量列阵。

2.2.2　虚单元及过渡单元的处理

式(2-8)中为了消除虚单元和过渡单元的虚流量贡献,才有了式(2-8)右端 $\{Q_2\}$ 和 $\{\Delta\Omega\}$ 的结点虚流量单元项。实践表明,渗流虚域 Ω_2 过大时会影响式(2-8)迭代求解的收敛性,此时在计算过程中应尽可能多地丢弃虚单元,但又要确保自由面处处都留有一定大小的虚区,以保证解的正确性。过渡单元只是一部分位于渗流虚域 Ω_2 内,在计算这些单元的传导矩阵时需进行修正,以达到完全消除单元虚区部分的结点虚流量贡献,目前最简单也是最实用的办法是适当增加过渡单元在高度方向(x_3 方向)上的高斯积分点,在计算单元传导矩阵时当积分点的压力水头为负时不对该点进行积分,而将过渡单元作为实单元对待。经过多种方法的比较,无论从理论分析还是从实际计算结果的比较来看,这种对过渡单元的数值处理方法最为简单和有效,一般得到的解的精度也最为满意。

2.2.3　可能渗流逸出面的处理

由于事先不知道渗流逸出面的具体位置,因此实际计算时,对可能渗流逸出面的处理方法有两种,一种是先利用式(2-5)中的第二式将整个可能渗流逸出面视为已知水头的第一类边界条件,求得中间解后再算出逸出面上各个结点的渗流量,将流量的大小符合式(2-5)中的第一式要求的结点在下一步的迭代求解中仍视为已知水头结点,否则那些为入渗流量的结点的 $h = x_3$ 的已知水头条件不符合渗流场逸出面的渗流物理意义,在下一步的迭代求解中应事先将它们划为位于渗流虚域中的结点,将原先的第一类边界条件转为不透水的第二类流量边界条件或自然边界条件,以符合实际情况。另一种处理方法则相反,先是利用式(2-5)中的第一式流量边界条件,而第二式水头条件为后验条件,即可先将整个可能渗流逸出面视为不透水边界条件,据中间解结点水头大于或小于位置高度来判别哪些结点是位于真实的渗流逸出面上的,哪些是位于逸出面以上的虚逸出面的,逐步将位于真实渗流逸出面上的结点全部从不透水边界条件的假定转化成透水边界条件。需指出的是,这两种对可能渗流逸出面的处理方法在理论上都是严密的,没有任何人为的近似处理,完全满足了式(2-5)中的边界条件要求,是确保取得渗流场正确解的关键步骤之一。

2.3　渗流量计算

为了提高渗流量的计算精度,本次计算采用达西渗流量计算的"等效结点流量法"来计算渗流量,从理论上来说,该法的计算精度与渗流场水头解的计算精度相同,见式(2-9):

$$Q_s = \sum_{i=1}^{n} \sum_{e} \sum_{j=1}^{m} k_{ij}^e h_j^e \qquad (2-9)$$

式中:n 为过水断面 S 上的总结点数;$\sum_e$ 为对计算域中位于过水断面 S

一侧的那些环绕结点 i 的所有单元求和; m 为单元结点数; k^{eij} 为单元 e 的传导矩阵 $[k^e]$ 中第 i 行第 j 列交叉点位置上的传导系数; h_j^e 为单元 e 上第 j 个结点的总水头值。

该法避开了对渗流场水头函数的微分运算,而是把渗过某一过流断面 S 的渗流量 Q_s 直接表达成相关单元结点水头与单元传导矩阵传导系数的乘积的代数和,进而大大提高了达西渗流量的计算精度,解决了长期以来困扰有限单元法渗流场分析时渗流量计算精度不高的问题。

2.4　渗流场参数反演的加速遗传算法

遗传算法借鉴自生物的遗传和进化,是模拟生物在自然环境中的遗传和进化过程而形成的一种自适应全局优化概率搜索算法。它最早由美国密执安大学的 Holland 教授提出,起源于 20 世纪 60 年代对自然和人工自适应系统的研究。70 年代,De Jong 基于遗传算法的思想在计算机上进行了大量的纯数值函数优化计算实验。在一系列研究的基础上,80 年代由 Goldberg 进行归纳总结,形成了遗传算法的基本框架。

2.4.1　遗传算法原理

遗传算法(Genetic Algorithm)基于自然选择和群体遗传机制,模拟了自然选择和遗传过程中发生的繁殖、杂交和变异现象。它把适者生存原则和结构化及随机化的信息交换结合在一起,形成了具有某些人类智能的特征,这正好能很好地克服传统计算结构可靠指标等方法的不足。在利用遗传算法求解问题时,问题的每个可能的解都被编码成一个“染色体”,即个体,若干个个体构成了群体,即所有可能解。在遗传算法开始时,随机产生一些个体,根据预定的目标函数对每个个体进行评价,给出了一个适应度值。根据适应度值来选择个体复制下一代。选择操作体现出“适者生存”原理,“好”的个体被选择用来复制,而“坏”的个体则被淘汰。然后选择出来的个体经过交叉和变异算子进行再组合生成新的一代。这一代新群体继承了上一代群体的一些优良性状,因而要优于上一代,这样就逐步朝着更优解的方向进化。因此,遗传算法是一个由可行解组成的群体逐代进化的过程。

遗传算法主要包括编码、构造适应度函数、染色体的结合等,其中染色体的结合包括选择算子、交叉算子、变异算子等运算。

2.4.1.1　编码

编码是应用遗传算法时要解决的首要问题,也是设计遗传算法时的一个关键步骤。遗传算法常用的编码方法有三种,即二进制编码、格雷编码和浮点编码。本书采用浮点数编码方法,它是指个体的每个基因值用某一范围内的一个浮点数来表示,个体的编码长度等于其决策变量的个数。在达到同等精度要求的情况下,浮点制编码长度远小于二进制编码和格雷编码,并且使用的是变量的真实值,无须数据转换,便于运用。

2.4.1.2　初始化过程

设 n 为初始种群数目,随机产生 n 个初始染色体。对于一般反分析问题,很难给出解析的初始染色体,通常采用以下方法:给定的可行集 $\Phi = \{(\phi_1, \phi_2, \cdots, \phi_m) \mid \phi_k \in [a_k, b_k], k = 1, 2, \cdots, m\}$,其中, m 为染色体基因数,即本书中的反分析参数个数, $[a_k, b_k]$ 是向量 $(\phi_1, \phi_2, \cdots, \phi_m)$ 第 k 维参变量 ϕ_k 的限制条件。在可行集 Φ 中选择一个合适内点 V_0,并定义大数 M,在 R^m 中取一个随机单位方向向量 D,即 $\|D\| = 1$,记 $V = V_0 + M \cdot D$,若 $V \in \Phi$,则 V 为一合格的染色体,否则置 M 为 0 和 M 之间的一个随机数,至 $V \in \Phi$。重复上述过程 n 次,获取 n 个合格的初始染色体 $V_1, V_2, \cdots, V_n$。

2.4.1.3　构造适应度函数

构造适应度函数是遗传算法的关键,应引导遗传进化运算向获取优化问题的最优解方向进行。本书建立基于序的适应度评价函数,种群按目标值进行排序,适应度仅仅取决于个体在种群中的序位,而不是实际的目标值。排序方法克服了比例适应度计算的尺度问题,即当选择压力(最佳个体选中的概率与平均选中概率的比值)太小时,易导致搜索带迅速变窄而产生过早收敛,再生范围被局限。排序方法引入种群均匀尺度,提供了控制选择压力的简单有效的方法。

让染色体 $V_1, V_2, \cdots, V_n$ 按个体目标函数值的大小降序排列,使得适应性强的染色体被选择产生后代的概率更大。设 $\alpha \in (0,1)$,定义基于序的适应度评价函数:

$$eval(V_i) = \alpha(1 - \alpha)^{i-1}, i = 1, 2, \cdots, n \qquad (2\text{-}10)$$

2.4.1.4　选择算子

本书采用比例选择算子,该算子是一种随机采样方法,以旋转赌轮 n 次为基础,每次旋转都可选择一个个体进入子代种群,父代个体 V_i 被选择的概率 p_i 为

$$p_i = eval(V_i) / \sum_{i=1}^{n} eval(V_i) \qquad (2\text{-}11)$$

由式(2-11)可见,适应度越高的个体被选中的概率就越大,具体操作过程如下:

(1)计算累积概率 $P_l, P_l = \sum_{i=1}^{l} p_i, i = 1, 2, \cdots, I, \quad I \in [1, n]$, $P_0 = 0.0$ 。

(2)从区间(0,1)产生一个随机数 θ 。

(3)若 $\theta \in (P_{l-1}, P_l]$,则 V_l 进入子代种群。

(4)重复(2)~(3)共 n 次,从而得到子代种群所需的 n 个染色体。

2.4.1.5　交叉算子

交叉算子是使种群产生新个体的主要方法,其作用是在不过多破坏种群优良个体的基础上,有效产生一些较好个体。本书采用线性交叉的方式,依据交叉概率 P_c 随机产生父代个体,并两两配对,对任一组参与交叉的父代个体 (V_i^l, V_j^l) ,产生的子代个体 (V_i^{l+1}, V_j^{l+1}) 为

$$\left.\begin{array}{l} V_i^{l+1} = \lambda V_j^l + (1 - \lambda) V_i^l \\ V_j^{l+1} = \lambda V_i^l + (1 - \lambda) V_j^l \end{array}\right\} \qquad (2\text{-}12)$$

式中:λ 为进化变量,由进化代数决定,$\lambda \in (0,1)$;l 为进化代数。

2.4.1.6　变异算子

变异算子的主要作用是改善算法的局部搜索能力,维持种群的多样性,防止出现早熟现象,本书采用非均匀算子进行种群变异运算。依

据变异概率 P_m 随机参与变异的父代个体 $V_i^l = (v_1^l, v_2^l, \cdots, v_m^l)$，对每个参与变异的基因 v_k^l，若该基因的变化范围为 $[a_k, b_k]$，则变异基因值 v_k^{l+1} 由式(2-13)决定：

$$v_k^{l+1} = \begin{cases} v_k^l + f(l, b_k - \delta_k), rand(0,1) = 0 \\ v_k^l + f(l, \delta_k - a_k), rand(0,1) = 1 \end{cases} \tag{2-13}$$

式中：$rand(0,1)$ 为以相同概率从 $\{0,1\}$ 中随机取值；δ_k 为第 k 个基因微小扰动量；$f(l,x)$ 为非均匀随机分布函数，按式(2-14)定义：

$$f(l,x) = x(1 - y^{\mu(1-l/L)}) \tag{2-14}$$

式中：x 为分布函数参变量；y 为 $(0,1)$ 区间上的随机数；μ 为系统参数，本书取 $\mu = 2.0$；l 为允许最大进化代数。

2.4.2 加速遗传算法(AGA)

遗传算法从可行解集组成的初始种群出发，同时使用多个可行解进行选择、交叉和变异等随机操作，使得遗传算法在隐含并行多点搜索中具备很强的全局搜索能力。也正因为如此，基本遗传算法(BGA)的局部搜索能力较差，对搜索空间变化适应能力差，并且易出现早熟现象。为了在一定程度上克服上述缺陷，控制进化代数，降低计算工作量，需要引入加速遗传算法(Accelerating Genetic Algorithm)。加速遗传算法是在基本遗传算法的基础上，利用最近两代进化操作产生的NA优秀个体的最大变化区间重新确定基因的限制条件，重新生成初始种群，再进行遗传进化运算。如此循环，可以进一步充分利用进化迭代产生的优秀个体，快速压缩初始种群基因控制区间的大小，提高遗传算法的运算效率。

2.4.3 改进加速遗传算法(IAGA)

加速遗传算法(AGA)和基本遗传算法(BGA)相比，虽然进化迭代的速度和效率有所提高，但并没有从根本上解决算法局部搜索能力低及早熟收敛的问题，另外，基本遗传算法及加速遗传算法都未能解决存优的问题。因此，改进的加速遗传算法(Improved Accelerating Genetic

Algorithm)被提了出来,改进算法的核心,一是按适应度对染色体进行分类操作,分别按比例 x_1、x_2、x_3 将染色体分为最优染色体、普通染色体和最劣染色体,$x_1 + x_2 + x_3 = 1$,一般 $x_1 \leqslant 5\%$,$x_2 \leqslant 85\%$,$x_3 \leqslant 10\%$,取值和进化代数 l 有关,最优染色体直接复制,普通染色体参与交叉运算,最劣染色体参与变异运算,从而产生拟子代种群,这主要解决存优问题及提高算法的局部搜索能力;二是引入小生境淘汰操作,先将分类操作前记忆的前 NR 个体和拟子代种群合并,再对新种群两两比较海明距离,令 $NT = NR + pop\_size$ 定义海明距离:

$$s_{ij} = \| V_i - V_j \| = \sqrt{\sum_{k=1}^{m} (v_{ik} - v_{jk})^2}$$
$$(i = 1, 2, \cdots, NT - 1; j = i + 1, \cdots, NT) \qquad (2\text{-}15)$$

设定 S 为控制阈值,若 $s_{ij} < S$,比较 $\{V_i, V_j\}$ 个体间适应度大小,对适应度较小的个体处以较大的罚函数,极大地降低其适应度,这样受到惩罚的个体在后面的进化过程中被淘汰的概率极大,从而保持种群的多样性,消除早熟收敛现象。

另外,本书对通常的种群收敛判别条件提出改进,设第 l 代和第 $l+1$ 代运算并经过优劣降序排列后前 NS 个[一般取 $NS = (5\% \sim 10\%) pop\_size$]个体目标函数值分别为 $f_1^l, f_2^l, \cdots, f_{NS}^l$ 和 $f_1^{l+1}, f_2^{l+1}, \cdots, f_{NS}^{l+1}$,记:

$$EPS = n_1 \tilde{f}_1 + n_2 \tilde{f}_2 \qquad (2\text{-}16)$$

式中:$\tilde{f}_1 = \left| NS \cdot f_1^{l+1} - \sum_{j=1}^{NS} f_j^{l+1} \right| / (NS \cdot f_1^{l+1})$,$\tilde{f}_2 = \sum_{j=1}^{NS} \left| (f_j^{l+1} - f_j^l) / f_j^{l+1} \right|$;$n_1$ 为一代种群早熟收敛指标控制系数;n_2 为不同进化代种群进化收敛控制系数。

第3章 基于水文地质条件变化的典型渠道段降排水方案

为了体现出水文地质条件变化对工程降排水方案的影响,选取典型渠道段,设置两种水文地质条件,招标条件和补充水文地质条件进行方案设定和分析。

选取典型渠道工程渠道为梯形断面,渠底宽度为 15.0 ~ 18.5 m,渠底高程 113.672 ~ 114.145 m,渠道内一级边坡为 1:3.5 ~ 1:2.75,二级边坡为 1:3.25 ~ 1:2.5,一级马道(堤顶)宽 5.0 m,外坡 1:1.5,渠道纵比降为 1/26 000。

全渠段采用 C20W6F150 混凝土衬砌,渠坡厚度 10 cm,渠底厚度 8 cm。全渠段采用复合土工膜防渗。

本标段高地下水位段砂质渠坡处理换填黏土工程量约 62.3 万 m³。在渠道开口线与永久占地线之间设有截(导)流沟、防洪堤、林带。截流沟纵比降根据地形确定,为防止冲刷,纵比降较陡处全断面采用干砌石护砌。

3.1 地形、地质条件

3.1.1 渠基土岩体工程地质条件

桩号 1 为黏砂多层结构段,该段以挖方为主,挖方深度 9 ~ 17.5 m,渠坡土岩性主要为黄土状壤土、细砂等。渠底板位于细砂层中。黄土状壤土标贯击数一般 6 ~ 22 击,平均 10 击左右,属中硬—硬土;湿陷系数 δ_s = 0.016 ~ 0.020,一般具轻微湿陷性。粉砂属中密。

桩号 2 为黏砂多层结构段,本段以挖方为主,挖方深度一般 9 ~ 17.5 m,渠坡土岩性由黄土状土、细砂组成。渠底板主要位于细砂层中,局部位于下部中粉质壤土顶部。该工程地质段可分为:①黄土状轻壤土(Q_1^{al+pl})标贯击数 3 ~ 9 击,平均 5 击,属中硬土;湿陷系数 δ_s = 0.043 ~ 0.075,具中等—强烈湿陷性。②黄土状轻壤土(Q_3^{al+pl})标贯击数 5 ~ 24 击,平均 13 击,属中硬—很硬土;湿陷系数 δ_s = 0.016 ~ 0.020,具轻微湿陷性。③黄土状中粉质壤土(Q_3^{al+pl})标贯击数 6 ~ 21 击,平均 11 击,属中硬—硬土。④细砂(Q_3^{al+pl})属稍密—中密。⑤黄土状轻壤土(Q_3^{al+pl})标贯击数 5 ~ 25 击,平均 12 击,属中硬—硬土。

标段为黏砂多层结构,以挖方为主,挖方深度 7 ~ 19.5 m,渠底板主要位于细砂层中,局部位于下部中粉质壤土顶部。渠坡土岩性为黄土状土、细砂。存在渠道边坡稳定、黄土状土湿陷、地震液化等工程地质问题。

勘探期间实测地下水位高于渠底板 1.5 ~ 8.5 m,存在施工排水和渠道在外水压力作用下的稳定等问题。施工中需注意流砂、管涌等引起的渗透变形破坏。该段渠道两侧零星分布有风化砂丘、砂地,施工中需对其采取保护措施,避免其复活。

3.1.2　水文地质条件

3.1.2.1　招标水文地质条件

场区属黄河冲积、冲洪积平原,局部砂丘、砂地,钻孔揭露深度范围内地层为第四系松散层,岩性主要为壤土(Q_4,Q_3)、粉细砂(Q_4,Q_3)。该段地下水含水层主要为第四系松散层孔隙含水层组。含水层组主要由第四系黄土状轻壤土、沙壤土、粉细砂组成。粉细砂层渗透系数一般为 1.11×10^{-4} ~ 4.6×10^{-3} cm/s,属中等透水性;黄土状轻壤土、沙壤土渗透系数一般为 4.32×10^{-6} ~ 3.68×10^{-4} cm/s,属中等—弱透水性。

勘探期间实测地下水位高程为 115.54 ~ 122.91 m,地下水位高于渠底板 1.5 ~ 8.5 m。地下水主要接受大气降水入渗、侧向径流等方式补给,以蒸发、侧向径流及人工开采的方式排泄;根据渠线资料,场区上部潜水水化学类型多为 HCO_3—Ca 型,沿线环境水水质良好,对混凝土均没有腐蚀性。据调查,施工营地场区附近农业灌溉一般开采浅层地下水,井深一般 20～25 m,含水层主要为砂和少黏性土,赋水条件较好,单井出水量(井径 30 cm)10～15 m³/h。

3.1.2.2　补充水文地质条件

通过勘探、抽水试验和室内分析等手段对勘察范围内主要含水层的渗透性能进行了补充勘察。沿渠布置了 4 处勘探点,分别位于刘德城生产桥北岸 J – 01、刘德城生产桥南岸 J – 02、毕河西公路桥南岸(潮河营地)J – 03 及小郑庄生产桥南岸 J – 04 进行抽水试验,试验结果见表 3-1。

表 3-1　综合渗透系数

抽水井编号	渗透系数 K(m/d)	$K_{平均}$(m/d)	$K_{恢复}$(m/d)	影响半径 R(m)
J – 01	7.37～11.91	9.64	12.90	26.9～68.67
J – 02	10.02～10.43	10.23	13.98	11.83～13.13
J – 03	15.47～16.10	15.87	16.93	43.7～48.82
J – 04	14.14～16.68	15.54	16.81	26.65～85.59

得出如下结论:

(1)工程区地貌类型为黄河冲积、冲洪积平原,局部砂丘、砂地,地形平坦、开阔,地面高程 126.7～128.8 m。勘探深度范围内的地层岩性上部为黄土状轻壤土和黄土状中壤土,中部为粉砂、细砂,底部为中粉质壤土。

(2)工程区地下水为第四系松散层孔隙潜水,主要赋存于黄土状轻壤土和粉细砂中,地下水位埋深 11.4～16.3 m,水位高程 114.8～122.7 m。区内地下水主要接受大气降水入渗、侧向径流等方式补给,以蒸发、侧向径流及人工开采的方式排泄,水化学类型多为 HCO_3—Ca 型。

(3)原位试验采用带有观测孔的多孔抽水试验形式进行,目的是复核主要含水层(粉砂、细砂层)的渗透系数,根据抽水试验成果,工程区内粉砂、细砂层的渗透系数建议值为 9.64～15.87 m/d(1.12×10^{-2}～1.84×10^{-2} cm/s)。

(4)受土样随机性、室内试验方式、尺度效应等因素影响,室内渗透系数测定值一般比抽水试验测定值小,通常在室内试验与抽水试验结果相差较大时,建议采用抽水试验的成果。

(5)所取试样的颗粒分析成果表明,本标段内粉砂、细砂层为黏粒含量相对较小的级配不良土,故其渗透性能与同类土的经验值相比较大。

(6)对比经验值、室内试验测定值和抽水试验计算值,鉴于试验方法、尺度效应以及颗粒级配等因素对土层渗透性能的影响,渠道开挖基坑降水工程,宜采用现场抽水试验的成果值作为降水方案设计的依据,同时要考虑一定的安全系数。

3.2　渠道降排水方案

3.2.1　方案 1

在渠道混凝土衬砌阶段,在渠道两岸马道各布置一排抽水井,采用深井井点降水。渠道每 500 m 一段为一个降水单元,单元间流水作业施工,每个降水单元在含水层开挖前一个月开始降水。降水井井深 15 m,间距 30 m,直径 50 cm,降水井配备 QS20 - 33 - 3.0J 型抽水泵(流量 20 m³/h、扬程 33 m、功率 3.0 kW)的抽水。

前期降水井全部投入使用,通过观测管观测到地下水位达到预计高程后,可适当调整抽水井数量,使地下水位保持在开挖底板以下 0.5 m。

3.2.2　方案 2

本工程降水井井深 17 m,降水井间距 27 m,直径(内径)40 cm,配备 QS40 - 32 - 5.5J 型潜水泵(扬程 32 m、流量 40 m³/h、功率 5.5 kW)。

依据施工经验,为加快降排水进度,按照 3 排降水井的形式布置,分别为左右岸一级马道各一排和渠道中心一排,采用梅花形布置,井深不变,井间距为: $d = \dfrac{500 \times 3}{37} = 40.54 (\mathrm{m})$。

渠道开挖根据现场实际进行,当每段在开挖至马道以上 1 m 后进行打井降排水,一般降排水应在开挖前一个月进行方可满足开挖施工需要。

当渠道换填结束后使用自排水系统可排走部分地下水,根据现场实际情况可运行部分水泵,保证干地施工即可。

每眼井设置一台水泵,水泵检修与投放时使用手摇葫芦进行,待水泵放至距井底 2.5 m 后,使用井架进行作为支撑,固定吊水泵钢丝绳($\phi 8$ mm)。井架使用 7 根 0.7 m 长 $\phi 22$ mm 螺纹钢焊接制作。

3.2.3　方案 3

只在一级马道布置降水井,即布井位置与方案 2 相同,井深 17 m,井距 27 m,内径 0.4 cm,外径 0.5 cm,根据工程实际条件,考虑将一级马道 1/3 降水井分配到渠道中部,此时井间距变为 41 m,其余参数同方案 2,因该方案为实际所采用,故称为方案 3。

第 4 章 基于水文地质条件变化的典型渠道段降排水方案优化

根据提供的地质参数,选择典型地质断面建立有限元模型,有限元模型的建造必须考虑计算精度(或计算量)与分析费用(包括建模时间和计算分析时间等)的平衡,对细部结构加以必要的简化和概化,以避免过分追求局部精确而导致有限元剖分难度和计算量的显著增加。

4.1 计算模型与边界条件

本工程水文地质情况复杂,渠道段从上至下基本可分为:①黄土状轻壤土(Q_1^{al+pl});②黄土状轻壤土(Q_3^{al+pl});③黄土状中粉质壤土(Q_3^{al+pl});④黄土状轻壤土(Q_3^{al+pl}),属中硬—硬土。

对渠道桩号 SH(3)179 + 227.8 ~ SH(3)185 + 140 段范围渗流场的模拟采用 8 节点 6 面体等参单元,计算域选取思路基于下述假定:

(1)桩号 SH(3)179 + 227.8 ~ SH(3)185 + 140 段范围(包括渠道左右岸)潜水位相同,各降水井的尺寸和深度及降排水效果保持一致。

(2)基坑已经形成,不考虑开挖过程的降排水。

(3)渠道未衬砌,不考虑排水沟的排水作用。

结合第 3 章,剖分三套计算网格:

(1)以方案 1 为依据,建模时考虑双排单个降水井的作用,降水井布置在一级马道中部,沿渠道顺水流方向取降水井的间距 30 m、井深 15 m、直径 0.5 m;以方案 3 为基础,依据《总干渠渠道降排水施工方案》的要求,降水井布置在一级马道中部,沿渠道顺水流方向取降水井的间距 27 m、井深 18 m、直径 0.5 m。

图 4-1 为典型断面图,图 4-2 为按照降水井间距 30 m,井深 15 m,(方案 1)/18 m、井深 18 m(方案 2)要求剖分后的整体网格总图,其中

剖分后降水井间距 30 m、井深 15 m 节点 102 474 个,单元 93 296 个。

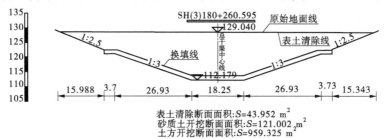

表土清除断面面积:S=43.952 m²
砂质土开挖断面面积:S=121.002 m²
土方开挖断面面积:S=959.325 m²

图 4-1　典型断面

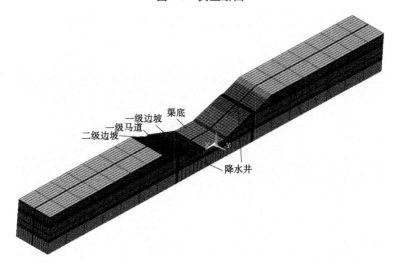

图 4-2　计算网格模型(方案 1、2)

(2)以方案 3 为依据,考虑工程实际的降水井布置情况,即采取了
在一级马道和渠底同时布置降水井的方案,为验证该方案的可行性和
合理性,需要进行验算。该方案在平面上采用梅花形布置,井间距 41
m,井深 18 m(一级马道和渠底相同),降水井直径 0.5 m。具体降水井
布置如图 4-3 所示,结合图 4-1 进行网格剖分,剖分后网格如图 4-4 所
示,剖分后节点 127 267 个,单元 123 880 个。

上述两套网格中,网格剖分时,充分考虑实际地质条件(以招标投

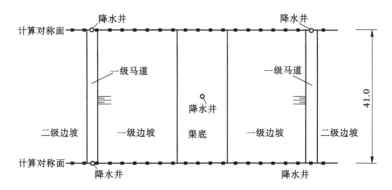

图 4-3   计算域示意(方案 3,单位:m)

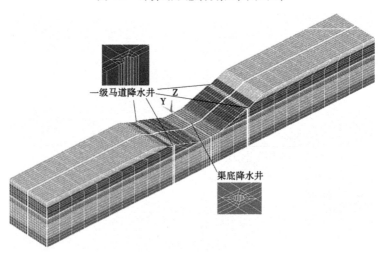

图 4-4   计算网格模型(方案 3)

标阶段提供的地层分布为准),渠道断面形式(包括一级马道)以及降水井布置(六边形等效)。坐标原点选取以 x 轴表示左右岸方向,y 轴沿渠道水流方向,z 轴表示高度方向,坐标原点位于渠底偏一侧中间(如图 4-2 和图 4-4 所示)。

网格密度上除降水井周围采取加密网格处理外,其余按正常网格尺寸,降水井网格如图 4-5 所示。降水井直径 0.5 m,采用正六边形等效;左右岸长度取渠道两侧一级马道的水平距离 2 倍,即 130 m,其余

结构尺寸如图 4-1 所示。图中渠底板位于细砂层中,其余图层按招标
投标地质勘测成果,取高程平均值。

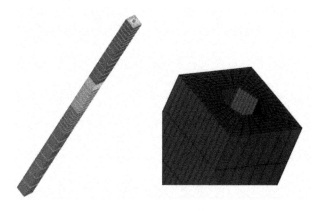

图 4-5　降水井网格

　　为便于进行计算结果分析,针对两种降水井布置方案,分别选取典
型截面如下:

　　(1)方案 1 和方案 2。典型截面选取 3 个,如图 4-6 所示,其中 A
截面选取渠道左右岸方向的降水井中部截面(井距 30 m 时,$y = -15$
m;井距 27 m 时,$y = -13.5$ m),B 截面选取渠道上下游方向的降水井
中部截面($x = 38$ m),C 截面选取为渠道底部水平截面($z = -0.4$ m)。
在进行计算成果整理时,为了能够使图像清晰,必要时将对 A—A 截面
进行对称选取(选取一半),或是为了显示对降水井的降水效果,只显
示降水井与渠道部分效果,C—C 截面为备选截面,必要时进行分析。

　　(2)方案 3。典型截面选取 6 个,如图 4-7 所示,其中 A 截面选取
垂直渠道顺水流方向的渠底降水井中部截面($y = -22.5$ m),B 截面
选取垂直渠道顺水流方向的侧面一级马道降水井中部($y = -41$ m),C
截面选取渠道顺水流方向的降水井中部截面($x = -38$ m),D 截面选
取渠道顺水流方向渠底降水井中部截面($x = 0$ m),E 截面选取渠道顺
水流方向的渠底与边坡交界处($x = -9.125$ m),F 截面选取为渠道底
部水平截面($z = -1.0$ m)。在进行计算成果整理时,为了能够使图像
清晰,必要时将对 A—A 截面和 B—B 截面进行对称选取(选取一半),

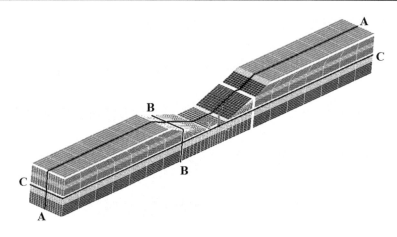

图 4-6　典型截面示意(方案 1、2)

或是为了显示对降水井的降水效果,只显示降水井与渠道部分效果,D—D 截面为备选截面,必要时进行分析。

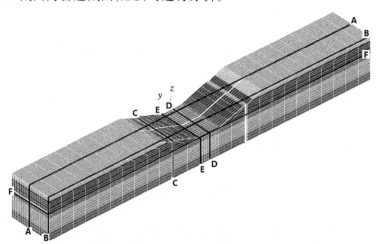

图 4-7　典型截面示意(方案 3)

计算域四周截取边界条件分别假定为:

计算域的上游截取边界、下游截取边界[渠道两侧(y 向)]以及底边界均视为隔水边界面;渠道左右岸(x 向)和降水井内考虑为已知水头边界;边坡、一级马道以及渠底考虑为可溢出边界。

4.2　计算参数及方案论证目标

由于施工期水文地质参数发生较大的变化,分两种情况计算,计算中所采取的各种材料的渗透系数参照招标投标文件及补充的地质勘探报告所提供的水文地质资料和参考值。

4.2.1　招标投标文件中的地质参数

含水层组主要由第四系黄土状轻壤土、沙壤土、粉细砂组成。粉细砂层渗透系数一般为 $1.11 \times 10^{-4} \sim 4.6 \times 10^{-3}$ cm/s,属中等透水性;黄土状轻壤土、沙壤土渗透系数一般为 $4.32 \times 10^{-6} \sim 3.68 \times 10^{-4}$ cm/s,属中等—弱透水性。各土层渗透系数建议值见表4-1。

表 4-1　招标投标文件中各土层渗透系数建议值

段名	毕河村段				
桩号	SH(3)179 + 227.8 ~ SH(3)185 + 140				
土层名称、成因时代代号	①黄土状中壤土（Q_{14}^{al}）	②黄土状轻壤土（Q_3^{al}）	③重沙壤土（Q^{al}）	④细砂（Q_3^{al}）	⑤中粉质壤土（Q^{alpl}）
渗透系数 K (cm/s) 小值	5.6×10^{-7}	5.2×10^{-6}	5.6×10^{-6}		1.9×10^{-6}
渗透系数 K (cm/s) 大值	2.7×10^{-4}	8.1×10^{-4}	1.0×10^{-4}	4.45×10^{-3}	8.1×10^{-5}

注:细砂层渗透系数取地质评价中较大值。

4.2.2　补充材料中的地质参数

根据抽水试验成果(见补充地质勘探报告),工程区内粉砂、细砂层的渗透系数发生较大变化,建议值为 9.64 ~ 15.87 m/d（$1.12 \times 10^{-2} \sim 1.84 \times 10^{-2}$ cm/s）。计算时渗透系数取均值,其他材料层参数参考招标文件选取。

4.2.3　水泵抽水效率

考虑到水泵效率 η,其计算公式为

$$\eta = \frac{\rho g Q H}{1\,000 \times 3\,600 \times P} \tag{4-1}$$

式中:P 为水泵电机功率,kW;H 为水泵扬程, m;Q 为水泵额定出水量, m³/h;ρ 为水的密度,1 000 kg/m³; g 为重力加速度,取 9.8 N/kg。

QS20 – 33 – 3.0J 型抽水泵的泵效率为

$$\eta_{QS20} = \frac{1\,000 \times 9.8 \times 20 \times 33}{10\,00 \times 3\,600 \times 3.0} \times 100\% = 59.8\%$$

QS40 – 32 – 5.5J 型潜水泵的泵效率为

$$\eta_{QS40} = \frac{1\,000 \times 9.8 \times 40 \times 32}{1\,000 \times 3\,600 \times 5.5} \times 100\% = 63.3\%$$

由此可知,在实际工程,抽水泵可抽水量因考虑泵效率,即 QS20 – 33 – 3.0J 型抽水泵的抽水量为 $Q_{QS20} = 20 \times 59.8\% \approx 12\,(\text{m}^3/\text{h})$; QS40 – 32 – 5.5J 型潜水泵的抽水量为 $Q_{QS40} = 40 \times 63.3\% \approx 25\,(\text{m}^3/\text{h})$。

4.3　方案 1 招标投标地质条件的降排水方案可行性分析

为验证招标投标文件中的水文地质条件下,渠道降排水方案 1 的合理性,通过建立数值模拟模型,模拟降排水效果。

4.3.1　工况设定

4.3.1.1　地下水位

由于招标投标文件中实测地下水位高于渠底板 1.5 ~ 8.5 m。本仿真计算的目的是确定投标文件中渠道降排水方案的可行性,因此分别对距离渠底板 1.5 m、5.0 m 和 8.5 m 三种地下水位进行仿真,其中以最不利情况(地下水位 8.5 m)为主要工况,地下水位 5.0 m 进行辅助分析。

4.3.1.2　降水井水位

降水井水位由于投标文件中未明确指出,因此仿真计算将按不同降水深度进行敏感性分析,以便确定投标降水方案的可行性及合理性。

招标投标水文地质条件下计算工况见表 4-2。

表 4-2　招标投标水文地质条件下计算工况

方案代号	降水井间距(m)	潜水位(m)		降水井水位(m)		渗透系数取值
		距离渠底	高程	距离渠底	高程	
Z1	30	8.5	119.7	0	112.20	见表 4-1
Z2				−1	111.2	
Z3				−2	110.2	
Z4				−3	109.2	
Z5		5	116.2	0	112.2	
Z6				−1	111.2	
Z7				−2	110.2	

4.3.2　可行性分析

对表 4-2 计算工况分别进行仿真计算,计算结果如图 4-8、表 4-3 和图 4-9 ~ 图 4-14 所示。其中,图 4-8 为在地下水位 8.5 m 情况下,不同降水井降深的抽水量、渠道渗水量以及渠底地下水位综合对比情况,表 4-3 为图 4-8 的量化详情,图 4-9 ~ 图 4-14 分别为不同地下水位不同降水井降深的水头等值线分布。需要指出的是,为了便于分析,本书图表中所示的“0 m”均表示渠底或基坑底部所在水平面,与此相对,“A 值”表示高于渠底 A m,“$-A$ 值”表示低于渠底 A m,其对应高程可见表 4-3。后文分析时均以此方法,不再赘述。

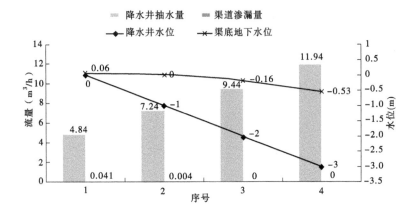

图 4-8　方案 1 招标地质条件地下水位 8.5 m 计算结果

表 4-3　招标地质条件一级马道降水井布置方案仿真计算结果

工况	潜水位(m)		降水井水位(m)		渠底地下水位(m)		单井抽水量		渗漏量	
	距离渠底	高程	距离渠底	高程	距离渠底	高程	m³/h	m³/d	m³/h	m³/d
Z1	8.5	119.7	0	112.20	0.06	112.26	4.84	116.16	0.041	0.98
Z2			−1	111.2	0	112.20	7.24	173.76	0.004	0.10
Z3			−2	110.2	−0.16	112.04	9.44	226.56	—	—
Z4			−3	109.2	−0.53	111.67	11.94	286.56	—	—
Z5	5	116.2	0	112.2	0	112.20	2.52	60.48	0.01	0.24
Z6			−1	111.2	−0.08	112.12	5.16	123.84	—	—
Z7			−2	110.2	−0.44	111.76	7.34	176.16	—	—

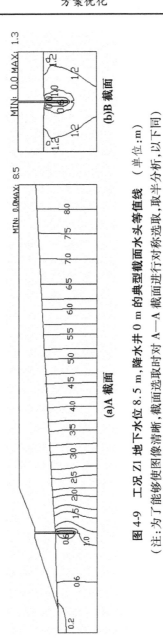

图 4-9　工况 Z1 地下水位 8.5 m,降水井 0 m 的典型截面水头等值线（单位:m）
（注:为了能够使图像清晰,截面选取时对 A—A 截面进行对称选取,取半分析,以下同）

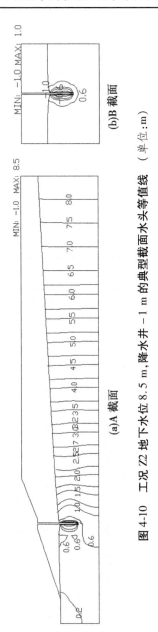

图 4-10 工况 Z2 地下水位 8.5 m,降水井 −1 m 的典型截面水头等值线 (单位:m)

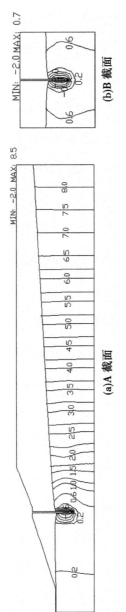

图 4-11　工况 Z3 地下水位 8.5 m，降水井 −2 m 的典型截面水头等值线　（单位：m）

(a)A 截面

(b)B 截面

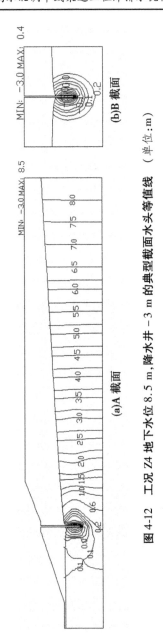

(a)A 截面

(b)B 截面

图 4-12 工况 Z4 地下水位 8.5 m,降水井 −3 m 的典型截面水头等值线 (单位:m)

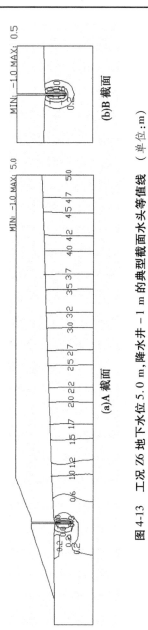

图4-13　工况Z6地下水位5.0 m,降水井−1 m的典型截面水头等值线　（单位:m）

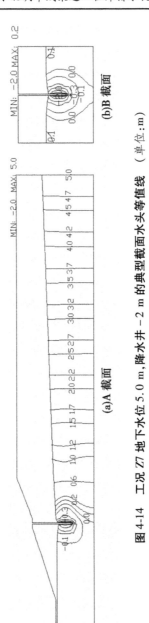

(b)B 截面

(a)A 截面

图 4-14　工况 Z7 地下水位 5.0 m，降水井 −2 m 的典型截面水头等值线　（单位：m）

　　由图 4-8 可知,当保证降水井水位与渠底齐平时(降水井水位 0
m),地下水将通过降水井两侧绕渗,最终在渠道边坡溢出,溢出点为
0.06 m,渗漏量为 0.041 m³/h,说明此时不能保证渠道干地施工要求
的;当加大抽水力度,即抽水量达到 11.94 m³/h 时,可以将降水井水位
降至 -3 m,此时渠底地下水位距离渠底 -0.53 m,满足渠道干地施工
的要求,此时,降水井利用深度 12 m(小于 18 m)满足要求,且单井抽
水量小于 QS20 -33 -3.0J 型号抽水泵的实际抽水量(12 m³/h),满足
要求。

　　由此可见,在实测最高 8.5 m 地下水位下,若按招标阶段的地质条
件,在渠道一级马道两侧布置降水井(间距 30 m)且配备 QS20 -33 -
3.0J 型号抽水泵是完全能够满足最高峰时期降排水需求以保证渠道
干地施工的,即该方案可行。

　　当地下水位低于 8.5 m 时,如地下水位 5 m 时,降水井水位在 -2
m 时,可达到渠底地下水位 -0.44 m,基本满足干地施工要求,此时单
进抽水量 7.34 m³/h,亦满足 QS20 -33 -3.0J 型号抽水泵抽水能力,
说明方案可行。

　　综上所述,在招标地质条件下,一级马道降水井方案在单井配备
QS20 -33 -3.0J 型号抽水泵情况下,能够满足各个时期抽水需求,从
而保证渠道干地施工要求。

4.3.3　规律性分析

　　由于降水井的降排作用,地下水在降水井周围发生强烈渗流行为,
水头变化明显(见图 4-9 ~ 图 4-14),符合一般规律,同时说明管井降水
需采取三维仿真模拟才能得到真实反映。

　　以图 4-12 为例,此处降水井水位控制在距离渠底以下 3 m 处,在
降水井周围约 2 m 范围内,地下水位降低明显,由 0.1 m 至 -3 m,显
示了降水井降低地下水位的效果;当然由于采用管井降水,地下水一部
分绕过两个降水井之间渗向下游,使得下游水位壅高,降水井下游水位
由 -3 m 壅高至 -0.53 m,这也说明为何需要通过不间断抽水将降水
井水位降至渠底以下一定深度的原因(如本节一级马道降水井布置方

案在招标地质条件下需降至 - 3 m),如此才能避免降水井下游壅高的地下水位在边坡溢出(见图 4-9)或者在渠底溢出(见图 4-10),又或者不满足地下水位在渠底下 0.5 m 以上的要求(见图 4-11)。

综上分析,本次仿真计算所反映管井降水作用下的地下水位变化情况符合一般规律,计算结果合理。

4.4　方案 2 补充地质条件的降排水方案可行性论证

根据抽水试验成果,实际地层的渗透系数发生变化,增大约 3.5 倍。研究表明,在地层渗透系数较大(如数量级达到 $10^{-2} \sim 10^{-3}$ cm/s)的情况下,渗透系数即使不是以数量级增加,而仅增大几倍,对整个渗流区域的浸润线和渗流量均会产生有很大影响。因此,本工程由于渗透系数增大对方案 1 和方案 2 能否满足工程要求需要进行必要的论证。本论证有两种思路:

(1)由于方案 2 布置井数和井深比方案 1 要多,因此本思路为按方案 2 能否达到方案论证目标。

(2)若(1)不能满足要求,则需要改变方案,方案变化有以下几种方法:

①在方案 2 基础上,不改变降水井布置,仅增大降水井的降深,即采用加大抽水泵,论证能否满足要求。

②若①不能满足要求,则不改变降水井其他条件,在①基础上同时增大降水井钻深,再论证能否满足要求。

③若②不能满足要求,则考虑改变降水井布置位置(如将降水井布置在渠道两侧)或减小降水井间距(增加降水井数量),然后重新论证能否满足要求。

显然,在(2)中,若①能够满足要求,则是最简便、最经济的方式,其余两个方案无须进一步论证。在变化后的水文地质条件下,为寻求合理的渠道降排水方案,以达到施工要求,进行该情境下的渗流模拟。

4.4.1　工况设定

4.4.1.1　地下水位

由于补充水文地质条件下地下水位变化不大,因此仍按照地下水位高于渠底板 1.5 ~ 8.5 m 计算。本次仿真计算的目的旨在确定合理可行的降排水方案,因此分别对距离渠底板 1.5 m、5.0 m 和 8.5 m 三种地下水潜水位进行仿真,其中以最不利情况(地下水位 8.5 m)为主要工况,其他两种(1.5 m 和 5.0 m)辅助分析,以便最终确定合理的抽水量。

4.4.1.2　降水井水位

降水井水位的高低直接关系管井出水量和降水影响范围,因此仿真计算将按不同降水深度进行敏感性分析。

4.4.1.3　降水井间距

同排降水井的间距表征单个降水井的处理范围,不同处理范围降水井所承担的降水任务不同,但单井处理范围过小则不经济,过大则达不到降水目的,本次方案 2 首先以《总干渠渠道降排水施工方案》中 27 m 间距进行论证,方案 3(两侧一级马道降水井间距 41 m,渠底降水井 41 m)将以 41 m 间距进行论证。

4.4.2　可行性论证

对表 4-4 计算工况分别进行仿真计算,计算结果如图 4-15、表 4-5 和图 4-16 ~ 图 4-23 所示。其中,图 4-15 为在地下水位 8.5 m 情况下,不同降水井降深的抽水量、渠道渗水量以及渠底地下水位综合对比情况,表 4-5 为图 4-15 的量化详情,图 4-16 ~ 图 4-23 分别为不同地下水位、不同降水井降深的水头等值线分布。

由图 4-15 和表 4-5 可知,若单井仅配备 QS20 - 33 - 3.0J 型号抽水泵,在地下水位 8.5 m 时,只能将降水井水位降至 0 ~ -1 m,其中降水井水位 0 m(与渠底齐平)的抽水量 7.48 m³/h,降水井水位 -1 m 时抽水量 11.79 m³/h,而此时地下水仍将在渠道边坡溢出,溢出点分别在渠道边坡距离渠底 0.82 m(见图 4-16)和 0.14 m(见图 4-17),渗漏量分别为 0.24 m³/h 和 0.113 m³/h,无法保证渠道干地施工。因此,单从配备的抽水泵而言,招标阶段的降排水方案无法满足补充地质条件下渠道的干地施工,需要进行方案变更。

表4-4　变化后水文地质条件下渠道降排水方案设计

方案代号	降水井间距(m)	潜水位(m)		降水井水位(m)		渗透系数取值
		距离渠底	高程	距离渠底	高程	
S1 – 1				0	112.2	
S1 – 2				– 1	111.2	
S1 – 3		8.5	119.7	– 2	110.2	
S1 – 4				– 3	109.2	细砂层及以上
S1 – 5	27			– 4	108.2	按平均渗透系数
S1 – 6				– 1	111.2	1.45×10^{-2} cm/s,
S1 – 7		5	116.2	– 2	110.2	以下按表 4-1 取
S1 – 8				– 3	109.2	值
S1 – 9		1.5	113.7	0	112.2	
S1 – 10				– 1	110.2	

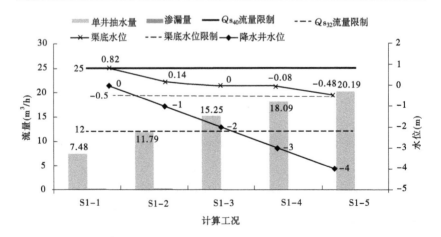

图4-15　方案2补充地质条件地下水位8.5 m计算结果

表4-5 补充地质条件下方案2仿真计算结果

工况	潜水位(m)		降水井水位(m)		渠底地下水位(m)		单井抽水量		渗漏量	
	距离渠底	高程	距离渠底	高程	距离渠底	高程	m³/h	m³/d	m³/h	m³/d
S1-1			0	112.20	0.82	113.02	7.48	179.42	0.240	5.76
S1-2			-1	111.2	0.14	112.34	11.79	282.96	0.113	2.71
S1-3	8.5	119.7	-2	110.2	0	112.20	15.25	365.90	0.043	1.04
S1-4			-3	109.2	-0.08	112.12	18.09	434.16	—	—
S1-5			-4	108.2	-0.48	111.72	20.19	484.56	—	—
S1-6			-1	111.2	0.03	112.23	8.62	206.78	0.012	0.29
S1-7	5	116.2	-2	110.2	0	112.20	12.10	290.30	0.001	0.02
S1-8			-3	109.2	-0.47	111.73	13.34	320.26	—	—
S1-9	1.5	113.7	0	112.2	0	112.2	1.30	31.25	0.004	0.10
S1-10			-1	111.2	-0.32	111.88	4.22	101.23	—	—

若实际地质条件下,改变抽水泵型号,如采用 QS40-32-5.5J 型潜水泵(扬程32 m、流量40 m³/h、5.5 kW),则可将降水井水位进一步降低。当降水井水位降至 -2 m 时,浸润线降至渠底,在渠底溢出(见图4-18),渗漏量0.043 m³/h,此时抽水量15.25 m³/h;继续加大抽水力度,即抽水量达到18.09 m³/h 时,可以将降水井水位降至 -3 m,此时渠底地下水位距离渠底 -0.08 m(见图4-19),渠底不发生渗水但仍然不满足渠底地下水位距离渠底0.5 m 的要求;考虑进一步增大抽水力度,将降水井水位降至 -4 m,此时渠底地下水位 -0.44 m(见图4-20),单井抽水量达20.19 m³/h,基本满足干地施工的要求。

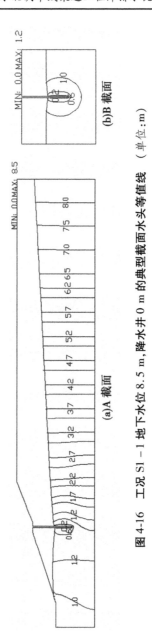

图 4-16　工况 S1－1 地下水位 8.5 m，降水井 0 m 的典型截面水头等值线　（单位：m）

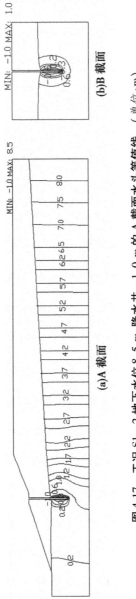

图 4-17　工况 S1－2 地下水位 8.5 m,降水井－1.0 m 的 A 截面水头值线　（单位:m）

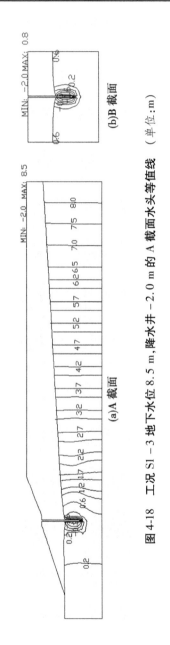

图 4-18　工况 S1-3 地下水位 8.5 m,降水井-2.0 m 的 A 截面水头等值线 （单位:m)

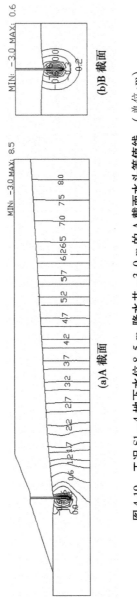

图 4-19　工况 S1 -4 地下水位 8.5 m,降水井 -3.0 m 的 A 截面水头等值线　（单位:m）

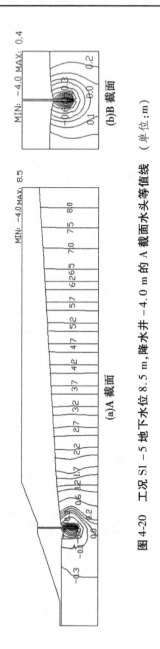

图 4-20　工况 S1 - 5 地下水位 8.5 m，降水井 - 4.0 m 的 A 截面水头等值线　（单位：m）

由此可知,在实测最高8.5 m地下水位下,若按补充地质条件,在渠道一级马道两侧布置降水井(间距27 m)时,若能加大抽水力度,保证将降水井水位在 -4 m以下,可满足渠道干地施工的要求,此时满足配备的 QS40 -32 -5.5J型潜水泵(扬程32 m、流量40 m³/h、5.5 kW)的抽水能力,即抽水量小于25 m³/h(抽水泵效率63.3%),且降水井利用深度13~14 m,小于井深17 m,且满足抽水泵抽水需要。

综上所述,方案2在渠道两侧一级马道各布置一排降水井,降水井间距27 m,井深17 m,采用招标方案1中的 QS20 -33 -3.0J型抽水泵不能满足抽水目标,需要重新配备抽水泵,可采用 QS40 -32 -5.5J型潜水泵。

4.4.3　规律性分析

由图4-16~图4-23可知,在一级马道布置降水井方案,其渗流的基本规律与4.3节类似,即在降水井周围2~4 m范围内发生强烈的渗流行为,表现出明显三维渗流特性,同时地下水在两个降水井之间的绕渗作用,使得降水井下游水位壅高。但需要指出的是,由于补充地质条件下的渗透系数比招标地质条件渗透系数增大,其绕渗特征更为突出,即使是相同降水井水位,下游水位壅高也更为明显,如图4-19所示,降水井水位 -3 m时,其水位壅高至 -0.08 m,若将降水井水位降至 -4 m时,其水位壅高才至 -0.44 m(见图4-20),因此为保证渠道干地施工,需要将降水井降至 -4 m以上。

综上所述,渗透系数增大,不仅使降水井抽水量增大,也使降水井下游的水位壅高更为明显,对保证渠道干地施工是极为不利的。

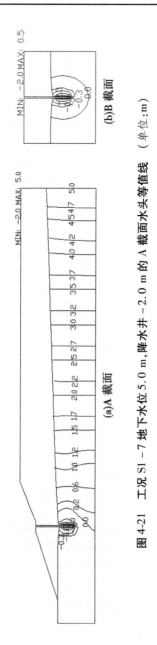

图 4-21　工况 S1－7 地下水位 5.0 m,降水井－2.0 m 的 A 截面水头等值线　(单位:m)

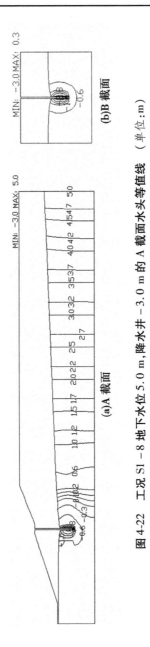

图 4-22　工况 S1-8 地下水位 5.0 m,降水井-3.0 m 的 A 截面水头等值线　(单位:m)

图 4-23　工况 S1－10 地下水位 1.5 m，降水井－1.0 m 的 A 截面水头等值线（单位：m）

4.5 方案 1 和方案 2 两种地质条件的对比分析

以 8.5 m 水位为依据,对降水井水位及渗透系数取值进行敏感性
分析,对比结果见图 4-24 和表 4-6。

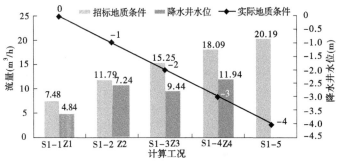

图 4-24 两种地质条件下一级马道方案抽水量对比

表 4-6 两种地质条件下的一级马道方案仿真计算结果

工况	潜水位（m）		降水井水位（m）		渗透系数取值	渠底地下水位（m）		单井抽水量		渗漏量	
	距离渠底	高程	距离渠底	高程		距离渠底	高程	m³/h	m³/d	m³/h	m³/d
Z1			0	112.2	招标投标	0.06	112.26	4.84	116.16	0.041	0.98
S1－1					实际	0.82	113.02	7.48	179.42	0.240	5.76
Z2			-1	111.2	招标投标	0	112.20	7.24	173.76	0.004	0.10
S1－2					实际	0.14	112.34	11.79	282.96	0.113	2.71
Z3	8.5	119.7	-2	110.2	招标投标	-0.16	112.04	9.44	226.56	—	—
S1－3					实际	0	112.20	15.25	365.90	0.043	1.04
Z4			-3	109.2	招标投标	-0.53	111.67	11.94	286.56	—	—
S1－4					实际	-0.08	112.12	18.09	434.16	—	—
S1－5			-4	108.2	实际	-0.48	111.72	20.19	484.56	—	—

续表4-6

工况	潜水位（m）		降水井水位（m）		渗透系数取值	渠底地下水位（m）		单井抽水量		渗漏量	
	距离渠底	高程	距离渠底	高程		距离渠底	高程	m³/h	m³/d	m³/h	m³/d
Z5	5	116.2	0	112.2	招标投标	0	112.2	2.52	60.48	0.01	0.24
Z6			-1	111.2	招标投标	-0.08	112.12	5.16	123.84	—	—
S1-6					实际	0.03	112.23	8.62	206.78	0.012	0.29
Z7			-2	110.2	招标投标	-0.44	111.76	7.34	176.16	—	—
S1-7					实际	0	112.2	12.10	290.30	0.001	0.02
S1-8			-3	109.2	实际	-0.47	111.73	13.34	320.26	—	—
S1-9	1.5	113.7	0	112.2	实际	0	112.2	1.30	31.25	0.004	0.10
S1-10			-1	111.2	实际	-0.32	111.88	4.22	101.23	—	—

通过4.3节和4.4节的论证,结果显示:方案1采用QS20-33-3.0J型号抽水泵能够满足招标地质条件的要求;方案2采用QS40-32-5.5J型潜水泵可满足实际地质条件的工程要求。

如图4-24所示,在最高8.5 m地下水位下,招标地质条件只需将降水井水位降至-3 m左右即可满足渠道干地施工的要求,而在实际地质条件下,在方案2上,需要将降水井水位降至-4~-5 m才能满足要求,此时的单井抽水量有较大不同,如招标地质条件最大抽水量11.94 m³/h(286.56 m³/d),而实际地质条件下最大抽水量需要超过20.19 m³/h(484.56 m³/d),大于招标地质条件下的抽水量。

由表4-6可知,方案1在投标地质条件下(工况Z1~Z7)的数值模拟结果显示,在最高水位8.5 m,单井需抽水11.94 m³/h(控制降水井水位-3 m)才能保证渠底地下水位距离渠底0.5 m;而在平均地下水位5.0 m时,单井需抽水7.34 m³/h(控制降水井水位-2 m),才能保证渠道干地施工。方案2在补充的水文地质资料条件下计算结果显示

（工况 S1 - 1 ~ S1 - 10），最高地下水位 8.5 m 时,需要将降水井水位控制 - 4 m 以下,才能满足渠道干地施工的要求,此时单井抽水量达 20.19 m³/h;而在平均地下水位 5.0 m 时,仍需将降水井水位降至 - 3 m 以下,才能满足要求,此时单井抽水量 13.34 m³/h;若地下水位降至 1.5 m,此时需将降水井水位降至 - 1 ~ - 2 m,单井抽水量超过 4.22 m³/h。

通过上述分析,为保证渠道干地施工,单井均需配备 QS40 - 32 - 5.5J,地下水位较高时或段需要进行 80% 至满负荷运行,地下水位出于平均水平时需要 50% ~ 60% 负荷运行。地下水位较低时或段可配备功率小一些的抽水泵,仅需满足实际抽水量能达到 10 m³/h 的抽水需求即可。

4.6　方案 3 的反演优化及论证分析

4.6.1　计算设定

4.6.1.1　地下水位

由于补充水文地质条件下地下水位变化不大,因此仍按照地下水位高于渠底板 1.5 ~ 8.5 m 计算。本次仿真计算的目的是确定合理可行的降排水方案,因此分别对距离渠底板 1.5 m、5.0 m 和 8.5 m 三种地下水潜水位进行仿真,其中以最不利情况(地下水位 8.5 m)为主要工况,其他两种(1.5 m 和 5.0 m)辅助分析,以便最终确定合理的抽水量。

4.6.1.2　降水井水位

降水井水位的高低直接关系管井出水量和降水影响范围,因此仿真计算将按不同降水深度进行敏感性分析。

4.6.1.3　降水井间距

方案 3(方案 3:两侧一级马道降水井间距 41 m,渠底降水井 41 m)将以 41 m 间距进行论证。

由于一级马道降水井和渠底降水井在降水效果上有很大的差别,

因此这一方案的论证较为复杂,可以说有很多种组合方式可以满足渠道干地施工的要求。为此,本方案的论证将不采用设定工况的方式进行,而是从经济性角度考虑,认为渠底降水井和一级马道降水井的抽水量保持一致,将此作为约束条件,寻求保证渠底浸润线距离渠底 0.5 m时的降水井降深。为此,本节采用反演正算的方法进行,反演算法采用改进遗传算法。

不同地下水位的反演控制条件如表 4-7 所示,这里需要说明:反演计算时,设定一级马道降水井抽水量 $Q_{马道}$,渠底降水井抽水量 $Q_{渠底}$,则为了能获得唯一解,将以 $|Q_{马道} - Q_{渠底}| < \varepsilon$ 进行控制,其中 ε 为给定的一个正小值,本次取 $\varepsilon = 0.001$ m³/s(唯一解条件);同时为了减少寻优次数,设定渠底地下水位距离渠底 s 绝对误差在一定范围即认为满足要求,本次设定目标函数 $F(s) = |s - 0.5| < \varepsilon_0$,$\varepsilon_0$ 为给定的一个正小值,本次取 $\varepsilon_0 = 0.01$ m,若反演过程中无法满足这一条件,说明该方案不可行(目标函数);设定最大寻优次数 $l_{max} = 100$ 次。

表 4-7　反演控制条件设定

地下水位(m)		一级马道降水井水位(m)		渠道降水井水位(m)		单井抽水量 Q(m³/h)		渠底地下水位(m)
距离渠底	高程	上限	下限	上限	下限	上限	下限	最小值
8.5	119.7	−1	−5	−1	−4	20	40	0.5
5.0	116.2	−1	−4	−1	−4	10	30	0.5
1.5	113.7	0	−3	0	−2	0	20	0.5

注:降水井水位:"−A"表示降水井水位在渠底以下"A"m,渠底高程 112.2 m,故对应高程为(112.2−A)m。渠底地下水位表示渠底地下水位与渠底垂直距离最小值。

4.6.2　反演成果及方案论证

地下水位 8.5 m 时,经过 89 次反演正算和每次 21 次的虚区迭代计算;地下水位 5.0 m 时,经过 48 次反演正算和每次 21 次的虚区迭代计算;地下水位 1.5 m 时,经过 25 次反演正算和每次 21 次的虚区迭代计算,获得的最优解见表 4-8 和图 4-25 ~ 图 4-36,其中表 4-7 为反演最

优成果所对应单井抽水量、降水井水位以及渠底地下水数统计成果，
图 4-25 ~ 图 4-36 为不同地下水位下各典型剖面（剖面详见图 4-7）的水
头等值线图。

表 4-8 优化计算成果

地下水位(m)		渠底地下水位(m)	一级马道降水井		渠底降水井	
距离渠底	高程		抽水量(m³/h)	水位(m)	抽水量(m³/h)	水位(m)
8.5	119.7	0.509	19.300 32	−3.927 5	19.294 08	−3.330 4
5.0	116.2	0.505	12.338 76	−2.813 4	12.326 28	−2.341 5
1.5	113.7	0.497	3.928 26	−1.215 7	3.915 18	−0.912 6

4.6.2.1 可行性论证

由表 4-8 可知，地下水位从 1.5 ~ 8.5 m 变化情况下，方案 3 均能
有一个最优解满足渠底地下水位低于渠底 0.5 m 的要求，即能够保证
渠道干地施工的要求，故方案 3 在理论上是可行的。

在满足干地施工要求的前提下，降水井的抽水量分别为 19.3
m³/h（地下水位 8.5 m）、12.3 m³/h（地下水位 5.0 m）和 3.9 m³/h（地
下水位 1.5 m），满足 QS40 − 32 − 5.5J 型潜水泵的抽水能力，即均小于
40 m³/h，说明梅花形降水布置方案能够满足抽水泵的要求，即在单井
抽水泵配置上可行。

在满足干地施工和抽水能力的前提下，从单井降深来看，一级马道
单井利用 12.9 m（降水井水位 3.9 m），小于 18 m；渠底降水井 3.3 m，
均满足降水井深度要求，说明在这一方面是可行的。

综上所述，方案 3 及其单井抽水泵的配置能够保证在本总干渠工
程任何时期/渠段渠道干地施工的要求。

4.6.2.2 规律性分析

以地下水位 8.5 m 为例进行分析，由图 4-25 ~ 图 4-29 可知，不同截面
表现出的水头变化明显，即在降水井作用下，渠道的渗流特性表现为极为
明显的三维渗流特性，因此有必要采用三维渗流仿真计算和分析。

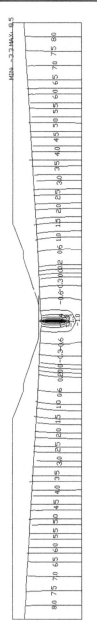

图 4-25　最优工况地下水位 8.5 m 的 A 截面水头等值线　（单位：m）

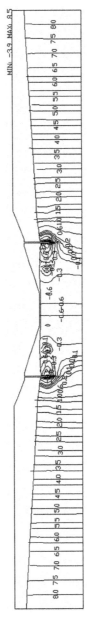

图 4-26　最优工况地下水位 8.5 m 的 B 截面水头等值线　（单位：m）

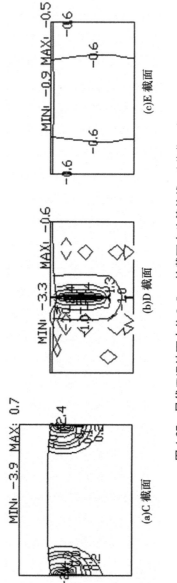

图 4-27 最优工况地下水位 8.5 m 的截面水头等值线 （单位：m）

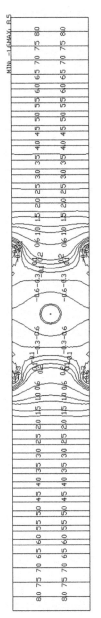

图 4-28　最优工况地下水位 8.5 m 的 F 截面水头等值线　（单位：m）

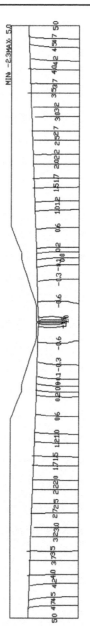

图 4-29　最优工况地下水位 5.0 m 的 A 截面水头等值线　(单位:m)

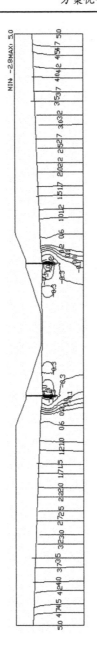

图 4-30 最优工况地下水位 5.0 m 的 B 截面水头等值线 （单位：m）

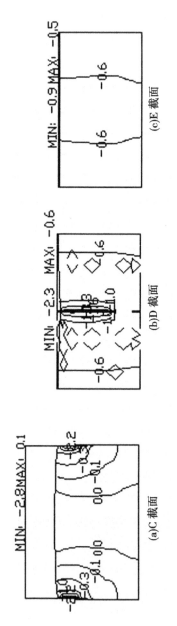

图 4-31　最优工况地下水位 5.0 m 的截面水头等值线　（单位：m）

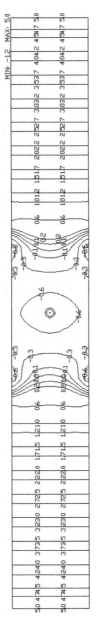

图 4-32 最优工况地下水位 5.0 m 的 F 截面水头等值线 （单位：m）

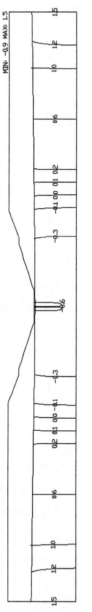

图 4-33 最优工况地下水位 1.5 m 的 A 截面水头等值线 （单位：m）

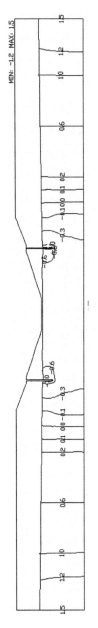

图 4-34　最优工况地下水位 1.5 m 的 B 截面水头等值线　（单位：m）

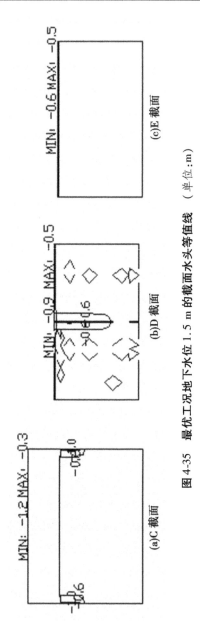

图 4-35　最优工况地下水位 1.5 m 的截面水头等值线　（单位：m）

图 4-36　最优工况地下水位 1.5 m 的 F 截面水头等值线　（单位 : m）

由图 4-25～图 4-36 可知,由于渠底降水井的作用,渠底地下水位最小值并不出现在渠道中部,而是在渠底与一级马道交界处,因此反演计算时,渠底地下水位的判断值不再以渠道中部以下地下水位为准。如图 4-27 中渠道与一级马道交界处的顺水流剖面(E—E 截面),在顺水流方向的两侧(渠道降水井布置对称面),其地下水位与渠底的距离最小,为 0.509 m(见表 4-8),而中间位置的值略大,为 0.701 m,这是由渠底降水井的影响不同所致,与此规律类似的是 D—D 剖面,但由于其受渠底降水井作用更明显,因此整体浸润线比 E—E 剖面更低,即距离渠底更大。与 D—D 剖面和 E—E 剖面相反,由于一级马道降水井的作用,在降水井位置浸润线较低,中间较高。由此可知,采用方案 3,渠道地下水位变化更为复杂,但其规律性完全符合管井降水的一般规律,计算结果是可靠的。

第 5 章　结论与展望

5.1　结　论

南水北调中线工程水文地质条件复杂,工程施工基坑开挖深、面积大、施工环境条件复杂,需做好降水工作,使水位降至最低开挖面以下,以确保边坡的稳定性及避免流砂、管涌现象的发生,从而形成安全、高效的干施工条件。本书通过对典型段水文地质条件进行分析,指出降排水设计的必要性,并采用数值模拟法对工程降排水方案进行优化,主要结论如下:

(1)南水北调中线大部分工程存在地下水位过高、含水量大的问题,均存在基坑降排水问题。土质地基允许渗流比降甚小,极易发生管涌流土、坡面冲蚀产生渗流破坏问题,直接导致边坡破坏失稳,故需要进行相应的降排水设计及优化。

(2)在他人研究的基础上基于达西定律阐述了基坑渗流场计算理论,采用有限元计算的方法对渗流微分方程进行求解,将节点虚流量法引入基坑渗流场计算,计算出水头和渗流量,相比解析计算法简单方便,适用范围广。

(3)为体现水文地质对降排水方案的影响,选取水文地质条件变化的典型工程基坑降排水方案,结合实际工程施工现状,对三种降排水方案进行渗流场和排水量分析,结果可知:方案 1 满足招标水文地质工程干地施工和施工期抽排水的要求,基坑渗流稳定。方案 2 和方案 3 二者都能满足补充水文地质条件下工程干地施工和施工期抽排水的要求,基坑渗流稳定,但方案 3 更优。

5.2　展　望

关于优化方法,现有的基坑井群降水的研究成果及优化方法十分多,但由于基坑降水费用的计算牵涉因素较多,影响因素也较多,故要想满足相同的降排效果,采用数值计算方法进行反演基本是可行的,如果考虑更进一步的多因素条件下优化目标的统一,建立降水计算模型、优化技术和监测信息反馈相结合的基坑降水优化设计控制系统也是必要的。

参考文献

[1] 陈守开,严俊,李健铭. 面板堆石坝垂直缝破坏下三维渗流场有限元模拟[J]. 岩土力学,2011(11):3437-3478.

[2] 陈守开,刘尚蔚,郭利霞,等. 中、小型土石坝渗流场三维有限元分析方法及应用[J],应用基础与工程科学学报,2012(4):612-621.

[3] 王镭,刘中,张有天. 有排水幕的渗流场分析[J]. 水利学报,1992(4).

[4] Zhu Yueming. Some techniques for solution to free surface seepage flow through arch dam abutments[C]. In Proceedings of the Intern. Symposium on Arch Dams,Nanjing,1992.

[5] 朱岳明,陈晴. 改进排水子结构法求解地下厂房洞室群区的复杂渗流场[J]. 水利学报,1996(9):79-85.

[6] 朱岳明,张燎军. 渗流场求解的改进排水子结构法[J]. 岩土工程学报,1997(2):69-76.

[7] 朱岳明,龚道勇. 三维饱和—非饱和渗流场求解及其逸出面边界条件处理[J]. 水科学进展,2003(1):67-71.

[8] 朱岳明,等. 渗流场特性的优化反演分析与反馈分析[C]//全国第4届岩土工程研讨会,1991.

[9] 朱岳明,张燎军,吴愔. 裂隙岩体渗透系数张量的优化反演分析[J]. 岩石力学与工程学报,1997(5):461-470.

[10] 朱岳明,刘望亭. 土石坝的复杂渗流场的反分析[J]. 河海大学学报,1991(6):49-56.

[11] 朱岳明. 渗透系数反分析最优估计方法[J]. 岩土工程学报,1991(4):71-76.

[12] 朱岳明,郝健,邵敬东. 流网绘制的数值计算方法[J]. 水利水运工程学报,1994(1).

[13] 朱岳明. 大坝坝基渗流控制方法述评[J]. 水利水电科技进展,1996.

[14] 朱岳明,张贵寿. 长江三峡碾压混凝土坝方案坝段渗控特性分析[J]. 河海大学学报,2000(2):1-6.

[15] 朱岳明,龚道勇,张建斌. 百色水利枢纽重力坝6号坝段基础渗流场分析[J]. 红水河,2002(1):20-23.

[16] 钱敏,储小钊,朱岳明. 碾压混凝土坝渗流特性与渗流控制对策[J]. 中国水利,2002(2):56-57.

[17] 朱岳明,张燎军,庞作会. 碾压混凝土坝及龙滩碾压混凝土重力坝的渗流特性研究(1-2)[J]. 红水河,1999(1):2-8.

[18] 张燎军,朱岳明. 二滩水电站基础三维渗流场分析[J]. 河海大学学报(自然科学版),2000(1):59-64.

[19] 朱岳明,等. 不变网格确定渗流自由面的有限单元法求解[J]. 河海大学学报,1992.

[20] 朱岳明,张燎军. 混凝土坝中排水孔排水幕的分析[J]. 河海大学学报(自然科学版),1997(5):24-29.

[21] 朱岳明,黄文雄. 碾压混凝土及碾压混凝土坝的渗流特性分析研究[J]. 水利水电技术,1995(1):49-57.

[22] Zhu Yueming(朱岳明). Finite element drainage substructure technique for solution to free surface seepage problems with numerous draining holes[C]// The 9th Intern. Conference on Computer Methods and Advances in Geomechanics, Wuhan, China, Nov. 1997.

[23] 张燎军,朱岳明. 百色地下厂房渗流场分析[J]. 红水河,1998.

[24] 朱岳明,陈振雷. 大朝山水电站地下厂房区渗流场分析[J]. 红水河,1998(1):13-19.

[25] 朱岳明,黄文雄. 碾压混凝土坝渗流场与应力场的耦合作用分析[J]. 红水河,1997.

[26] 朱岳明. Darcy渗流量计算的等效结点流量法[J]. 河海大学学报(自然科学版),1997(4):105-108.

[27] 朱岳明. 洞群围岩中复杂渗流场的解法[C]//第十届中日河工坝工会议,1994.

[28] 朱岳明,张燎军,等. 龙滩高碾压混凝土重力坝的渗控设计方案研究[J]. 水利学报,1997(3):1-8.

[29] 朱岳明,龚道勇,章洪等. 碾压混凝土坝渗流场分析的缝面渗流平面单元模拟法[J]. 水利学报,2003(3):63-68.

[30] 朱岳明,陈建余,龚道勇,等. 拱坝坝基渗流场的有限单元法精细求解[J]. 岩土工程学报, 2003(3):326-330.

[31] 朱岳明. 裂隙岩体渗流特性述评[J]. 水利水电科技进展,1991.

[32] 陈建余,朱岳明,龚道勇. 江口拱坝坝基渗流场有限单元法分析[J]. 水力发

电,2003.

[33] 陈建余. 有密集排水孔的三维饱和 – 非饱和渗流场分析[J]. 岩石力学与工程学报, 2004(12):2027-2031.

[34] 陈建余,朱岳明,张建斌. 考虑渗流场影响的混凝土坝温度场分析[J]. 河海大学学报(自然科学版),2003(2):119-123.

[35] 朱岳明,储小钊. 碾压混凝土坝防渗结构形式的工程实践[J]. 河海大学学报(自然科学版),2003(1):16-20.

[36] 朱岳明,储小钊,曹为民. 高碾压混凝土重力坝防渗结构形式研究[J]. 红水河,2001(3):1-5.

[37] 朱岳明. 渗流场特性的优化反演分析与反馈分析[C]//全国第4届岩土工程研讨会,1991.

[38] 朱岳明,许红波. 碾压混凝土坝渗流场特性分析[J]. 岩土工程学报,1993.

[39] 张巍,肖明. 地下工程渗流断层数值模拟的隐式复合材料单元法研究[J]. 岩土工程学报,2005,27(10):1023-1026.

[40] 周明,孙树栋. 遗传算法原理及应用[M]. 北京:国防工业出版社,1999.

[41] 金菊良,杨晓华,储开凤,等. 加速基因算法在海洋环境预报中的应用[J]. 海洋环境科学,1997(4):7-12.

[42] 陈建余,朱岳明,陈晓明,等. 改进加速遗传算法及其在非稳定渗流场反分析中的应用[J]. 水电能源科学,2003,21(3):59-61.

[43] 刘杰,王瑗. 一种高效混合遗传算法[J]. 河海大学学报(自然科学版),2002(2):49-53.

[44] 孙中弼,等. 二滩水电站工程总结(下)[M]. 北京:中国水利水电出版社,2005.

[45] 张良平,麻斌,耿军民,等. 南水北调中线工程高地下水位渠段水文地质分析[J]. 人民长江, 2014, 000(6):74-77,81.

[46] 乔新颖,周亮,秦红军. 南水北调中线工程穿沁河建筑物工程地质勘察与地质问题处理实录[J]. 资源环境与工程, 2016(3):515-518.

[47] 刘战均,王再明. 南水北调禹州六标渠道排水及防渗施工研究[J]. 水利水电施工, 2016, 000(4):8-10.

[48] 乔新颖,陈艳朋,吴雪皓,等. 南水北调中线焦作2渠段工程地质问题[J]. 西部探矿工程, 2016, 28(12):163-165.

[49] 谢建波,刘海峰,曹道宁,等. 南水北调中线叶县段总干渠工程地质问题的处理方法[J]. 资源环境与工程, 2015, 29(5):654-657.

[50] 乔新颖,周亮,秦红军.南水北调中线工程穿沁河建筑物工程地质勘察与地质问题处理实录[J].资源环境与工程,2016,30(3):515-518.

[51] 朱太山.南水北调中线沁河倒虹吸穿河埋置深度的探讨[J].河南水利,2006(8):9,12.

[52] 乔新颖,陈艳朋,吴雪皓,等.南水北调中线焦作 2 渠段工程地质问题[J].西部探矿工程,2016,28(12):163-165.

[53] 张俊飞.南水北调焦作 2 段石方边坡衬砌施工技术[J].河南水利与南水北调,2011(23):46-47.

[54] 张建军.南水北调中线工程方城Ⅱ段安全监测技术研究[D].广州:广州华南理工大学,2013.

[55] 李小杰,庞正立,刘云凤,等.浅析南水北调中线左岸截流渠方城段存在的问题与对策[J].科技创新导报,2017,14(6):57-58.

[56] 黄宝德,王永平.南水北调中线潮河段地基处理技术[J].四川水力发电,2016,35(4):53-55,62.

[57] 符运友,柳伟.挤密砂石桩法消除地震液化在南水北调潮河段工程中的应用[J].河南水利与南水北调,2011(1):51-52,55.

[58] 黄喜良,石长青,王晓丽.南水北调中线工程潮河线路隧洞线方案比选研究[J].河南水利与南水北调,2008(2):21-24.